石油天然气井隐患治理技术

何 骁 范 宇 杨 健 李玉飞 ◎等编著

石油工业出版社

内 容 提 要

本书以西南油气田气井隐患治理工作为例,全面系统地介绍了石油天然气井隐患治理技术,包括油气井安全风险评估与分级、带压更换井口闸阀技术、特殊工况井口整改技术、环空带压处理技术、井筒封堵技术以及封堵效果评估及管理等内容,是西南油气田 40 多年气井治理与管理实践经验的凝练、总结和升华,对石油天然气井治理与管理有重要指导意义。

本书可供从事气井管理与治理的科研技术人员和工程人员,以及石油院校相关专业师生参考阅读。

图书在版编目(CIP)数据

石油天然气井隐患治理技术 / 何骁等编著 . —北京:

石油工业出版社,2024.1

ISBN 978-7-5183-6507-4

Ⅰ . ① 石… Ⅱ . ① 何… Ⅲ . ① 油气井 – 安全生产

Ⅳ . ① TE38

中国国家版本馆 CIP 数据核字(2023)第 257400 号

出版发行:石油工业出版社

　　　　(北京安定门外安华里 2 区 1 号　　100011)

　　　　网　　址:www.petropub.com

　　　　编辑部:(010)64523535　　　图书营销中心:(010)64523633

经　　销:全国新华书店

印　　刷:北京中石油彩色印刷有限责任公司

2024 年 1 月第 1 版　　2024 年 1 月第 1 次印刷

787×1092 毫米　　开本:1/16　　印张:10

字数:210 千字

定价:100.00 元

前言

　　高压气体冲击、天然气泄漏后着火引起的燃烧、爆炸以及硫化氢中毒对人员的伤害是气井的主要风险源。气井隐患治理作为气水井高效健康生产的重要环节与风险治理措施，始终受到石油行业的高度重视。在中国石油天然气集团有限公司科技管理部统一规划部署下，"十一五"以来连续立项开展井下作业关键技术和装备攻关。

　　以西南油气田为例，"十三五"以来共计完成各类隐患治理工作1000余井次，包括报废井封堵、井口整改、带压下管柱、复杂井修井等，有力支撑了西南油气田公司相关领域的安全、高效开发。

　　本书由中国石油西南油气田公司工程技术研究院组织编写完成，整合了中国石油西南油气田公司、中国石油川庆钻探工程有限公司和中国石油集团工程技术研究院有限公司近5年研究成果，全面介绍了四川和重庆重点区块典型气井隐患治理情况及特征，从地质和工程两方面阐述了气井各类隐患产生的机理，并总结了气井各类隐患的治理技术。

　　本书由何骁任主编，范宇、杨健、李玉飞任副主编，参加编写的有刘祥康、杨盛、徐月霞、罗伟、王强、张林、艾志鹏、徐波、宋颐、聂政远、张芳芳、朱庆、黄耀、任阳、濮强、杨成彬、漆明勇、冯兆阳、侯培培、许懿、师一帅、唐志强、王阳等。在编写和审稿过程中，得到了中国石油西南油气田公司马发明、颜光宗等的指导和审阅。在此，谨向对本书编写进行指导、支持和帮助的单位和同志致以衷心的感谢。

　　由于编者水平有限，书中难免存在不妥之处，恳请读者批评指正。

目录

第一章

油气井安全风险评估与分级

在油气井长期生产过程中，井屏障可能受腐蚀介质、材质老化或磨损等因素影响而失效，对油气井的安全生产带来严重影响。油气井安全风险评估的意义在于识别潜在风险，通过定期进行安全风险评估，可以有效发现和识别潜在的风险因素，并对识别出的风险因素赋值，进行定量评价，划分气井安全风险等级，根据风险等级的高低，制订有针对性的风险控制措施，降低事故发生的概率，保障油气井的安全平稳运营。

第一节 风险因素与泄漏途径识别

气井在生产阶段井屏障一般分为两级：一级井屏障（又称第一井屏障）是直接与地层流体接触的井筒屏障部件；二级井屏障（又称第二井屏障）是在第一井屏障失效后，防止地层流体无控制地向外层空间流动的屏障[1]。气井生产的天然气主要组分为甲烷，部分气井还可能含有二氧化碳和硫化氢，部分井的井口压力高达几十兆帕甚至上百兆帕。天然气的相对密度一般为 0.58～0.62，着火温度为 270～540℃，爆炸极限为 5%～15%。硫化氢相对密度为 1.189，自燃温度为 260℃，空气中可爆范围为 4.3%～46%。吸入一定浓度的硫化氢会伤害身体，甚至导致死亡。硫化氢有极其难闻的臭鸡蛋味，低浓度时容易辨别出，但容易快速造成嗅觉疲劳和麻痹，因此气味不能用作警示措施。高压气体冲击、天然气泄漏后着火引起的燃烧、爆炸以及硫化氢中毒对人员的伤害是气井的主要风险源。

一、风险因素

本节将采用层次分析法将气井安全风险按照井屏障进行划分，得到气井安全风险因素。

第一井屏障主要包括油管柱、封隔器、井下安全阀、油层套管，风险因素层次划分如图 1-1 所示。

第二井屏障包括油层套管、密封装置、井口装置和水泥环性能，具体风险因素层次划分如图 1-2 所示。

（一）油管柱（油层套管尾管）屏障风险因素

将油管柱（油层套管尾管）屏障的风险因素划分为材料适用性、管柱力学、井筒环境、水泥环性能（油层套管尾管水泥环）4 个大类进行分类分析，得到了影响油管柱（油层套管尾管）安全的 17 个风险因素。材料适用性包括油管材料和抗腐蚀性能；管柱力学包括抗挤安全系数、抗内压安全系数、抗拉安全系数和三轴安全系数；井筒环境包括腐蚀速率、腐蚀类型、防腐措施及磨损和缺陷；水泥环性能包括固井质量及水泥环强度。

（二）油管螺纹风险因素

油管螺纹的风险因素包括螺纹密封、螺纹强度和螺纹抗腐蚀性能共 3 个因素。

（三）油管柱附件及密封风险因素

油管柱附件及密封包括封隔器性能和井下安全阀性能两部分。其中封隔器的风险影响因素包括封隔器性能和胶塞抗腐蚀性能。井下安全阀的风险影响因素包括液压控制系统、抗腐蚀性能及工况环境。

（四）油层套管柱屏障风险因素

将油层套管柱屏障风险因素划分为材料适用性、管柱力学和井筒环境 3 个大类进行分

3

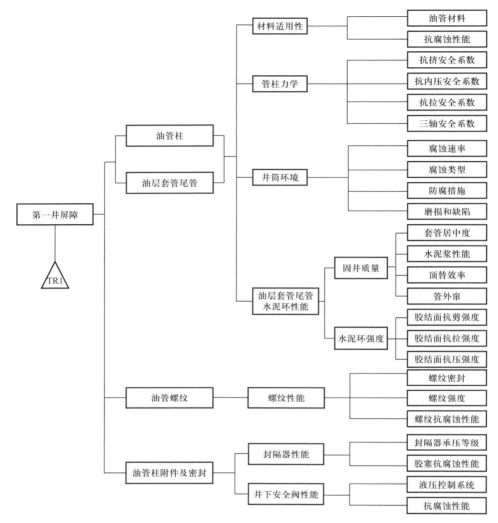

图 1-1　第一井屏障风险因素层次划分图

类分析，得到了影响油层套管柱安全的 10 个风险因素。油层套管柱屏障材料适用性的因素分为套管材料和抗腐蚀性能；影响油层套管柱屏障管柱力学的因素分为抗挤安全系数、抗内压安全系数、抗拉安全系数和三轴安全系数 4 个因素；井筒环境的风险因素包括二氧化硫与二氧化碳分压、腐蚀速率、腐蚀类型及防腐措施，共 4 个因素。

（五）密封装置风险因素

将密封装置风险因素分为套管挂及密封和油管头及密封 2 个因素。

（六）井口装置风险因素

将井口装置风险因素分为采气四通和采气树 2 个因素。

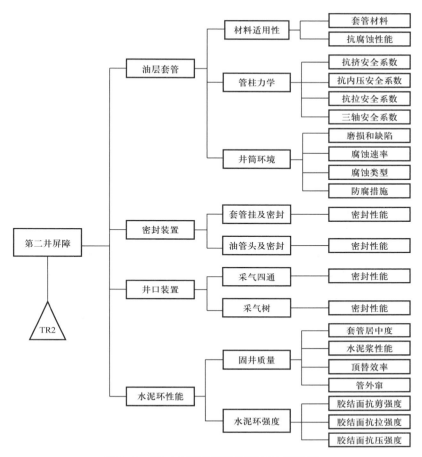

图 1-2 第二井屏障风险因素层次划分图

（七）水泥环风险因素

将水泥环风险因素分为固井质量及水泥环强度 2 个因素。其中固井质量的风险影响因素包括套管居中度、水泥浆性能、顶替效率和管外窜共 4 个因素；水泥环强度风险因素分为胶结面抗剪强度、胶结面抗拉强度及胶结面抗压强度共 3 个因素。

二、泄漏途径识别

根据不同气井类型，具体分析了封堵井（暂闭井）、在役生产井（不带井下安全阀＋封隔器）以及在役生产井（带井下安全阀＋封隔器）3 种类型气井的主要泄漏途径和原因。

（一）封堵井（暂闭井）

封堵井（暂闭井）泄漏途径如图 1-3 所示。

1. 采气树外漏

（1）水泥塞失效→采气树主阀外漏。

（2）水泥塞失效→采气树主阀内漏→翼阀外漏。

2. B 环空外漏

（1）油层套管固井质量差→B 环空控制阀门外漏。

（2）水泥塞失效→油层套管密封失效→油层套管固井质量差→B 环空控制阀门外漏。

3. C 环空外漏

B 环空带压→技术套管密封失效→技术套管固井质量差→C 环空控制阀门外漏。

（二）在役生产井（不带井下安全阀 + 封隔器）

在役生产井（不带井下安全阀 + 封隔器）泄漏途径如图 1-4 所示。

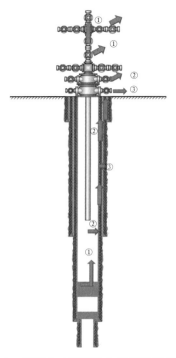

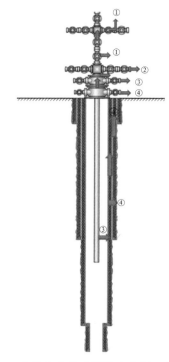

图 1-3　封堵井（暂闭井）泄漏途径示意图
①采气树外漏；②套管阀门外漏；
③B 环空外漏

图 1-4　在役生产井（不带安全阀 + 封隔器）
泄漏途径示意图
①采气树外漏；②套管阀门外漏；
③B 环空外漏；④C 环空外漏

1. 采气树外漏

（1）采气树主阀内漏→翼阀门外漏。

（2）采气树阀门腐蚀损坏外漏或者从压力监测孔外漏。

（3）连接法兰外漏。

2. 套管阀门外漏

（1）套管阀门外漏。

（2）套管头与升高短节连接法兰处外漏。

3. B 环空外漏

油层套管密封失效→油层套管固井质量差→B 环空套管头阀门外漏。

4. C 环空外漏

B 环空带压→技术套管密封失效→技术套管固井质量差→C 环空套管阀门外漏。

（三）在役生产井（带井下安全阀＋封隔器）

在役生产井（带井下安全阀＋封隔器）泄漏途径如图 1-5 所示。

1. 采气树外漏

（1）采气树主阀外漏。

（2）采气树主阀内漏→其他阀门外漏。

（3）连接法兰外漏。

2. 从 A 环空泄漏

（1）井下安全阀内漏→井下安全阀以上油管泄漏→油管挂密封失效→A 环空控制阀门外漏。

（2）封隔器失效→油管挂密封失效→A 环空控制阀门外漏。

（3）安全阀和封隔器之间油管泄漏→油管挂密封失效→A 环空控制阀门外漏。

3. 从 B 环空泄漏

A 环空带压→油层套管失效→油层套管固井质量差→B 环空控制阀门外漏。

4. 从 C 环空泄漏

B 环空带压→技术套管失效→技术套管固井质量差→C 环空控制阀门外漏。

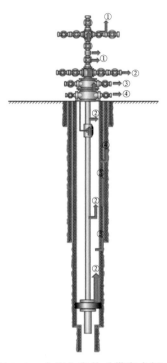

图 1-5 在役生产井（带安全阀＋封隔器）泄漏途径示意图
① 采气树外漏；② 套管阀门外漏；
③ B 环空外漏；④ C 环空外漏

第二节 环空带压诊断测试技术

气井持续环空压力是指环空压力经泄放后能够恢复至泄压前压力水平的一种现象。由于地层流体在环空内不断地聚集，不仅带来环空超压风险，且部分气井含有二氧化碳和硫化氢等腐蚀性气体，完井管柱强度将因腐蚀而削弱，直接影响气井完整性和安全生产。因此定期开展环空压力诊断测试，可有效评估各级环空的窜漏程度，动态评价井完整性等级，为异常环空带压气井的风险控制提供指导。

一、地面环空带压诊断测试技术

（一）地面环空压力诊断测试装置及其特点

地面环空压力诊断测试装置是由温度压力模块、流量监测模块、气质组分分析模块构成，分别用以检测和采集各级环空在泄压／恢复过程中气体温度、压力、流量和气质组分等数据，并根据井口装置特点，设计内循环放喷模式的泄压通道，在减小设备体积的同时，满足在含硫气环境中可靠的使用[1]。

地面环空压力诊断测试装置主要有以下特点：

（1）创新性地形成了内环空循环放喷模式，为解决硫化氢排放对环境的污染和人员的伤亡，合理地利用了井口装置预设的放喷管线，实现了环空间流体的迁移以及零污染排放。

（2）模块化设计，将温度、压力、流量和气体组分分析功能合理的布置在各个模块中，有效划分了检测功能，不仅精简了设备整体结构，实现了便携式功能，同时可根据不同的检测目的，组合各功能模块，使检测系统灵活可变。

（3）高压气体组分实时监测技术，通过主、副放喷管线并行设计，在满足主放喷管线高流量泄压的同时，副放喷管线经多级减压可实时监测环空流体组分，实现了对多层位流体组分检测，能够全面反应井下泄漏情况。

（二）井下漏点预测模型

1. 漏点深度计算

根据平衡原理确定环空泄漏点深度。在泄漏过程中，泄漏点处油管内的压力大于环空内的压力，则泄漏点处不断有气体从油管内泄漏至 A 环空，A 环空内的压力则不断增大，当泄漏点处 A 环空内的压力等于油管内压力时，泄漏停止，压力平衡方程为：

$$p_1 = p_2 = p_A + 10^{-6} \rho g h_f \tag{1-1}$$

式中　p_1——泄漏点处油管内的压力，MPa；

　　　p_2——泄漏点处 A 环空内的压力，MPa；

　　　p_A——A 环空的井口压力，MPa；

　　　h_f——泄漏点上部液柱长度，m。

已知 A 环空内的气柱长度为 h_g，则泄漏点深度（L）为：

$$L = h_g + h_f \tag{1-2}$$

2. 泄漏点气体流量计算

假定井下泄漏点为具有节流效应的井下油嘴，根据嘴流效应理论，建立 A 环空压力恢复预测模型。根据热力学原理，临界压力比为 $\dfrac{p_2}{p_1}$。

若 $\dfrac{p_2}{p_1} \leqslant \left(\dfrac{2}{k+1}\right)^{\frac{k}{k-1}}$，则为临界流动，此时泄漏点处的气体流量达到最大值，为：

$$Q_c = \frac{0.408 p_1 d_1^2}{\sqrt{\gamma_g T_1 Z_1}} \sqrt{\frac{k}{k-1}\left[\left(\frac{2}{k+1}\right)^{\frac{2}{k-1}} - \left(\frac{2}{k+1}\right)^{\frac{k+1}{k-1}}\right]} \qquad (1-3)$$

若 $\dfrac{p_2}{p_1} > \left(\dfrac{2}{k+1}\right)^{\frac{k}{k-1}}$，则为亚临界流动，根据气体嘴流的等熵原理，对于亚临界流状态，

流量与压力比之间的关系为：

$$Q_c = \frac{0.408 p_1 d_1^2}{\sqrt{\gamma_g T_1 Z_1}} \sqrt{\frac{k}{k-1}\left[\left(\frac{p_2}{p_1}\right)^{\frac{2}{k}} - \left(\frac{p_2}{p_1}\right)^{\frac{k+1}{k}}\right]} \qquad (1-4)$$

式中　Q_c——通过泄漏小孔的气体流量，$10^4 \mathrm{m}^3/\mathrm{d}$；

　　　d_1——泄漏小孔的等效直径，m；

　　　T_1——泄漏点处的温度，K；

　　　γ_g——气体相对密度；

　　　Z_1——气体偏差因子；

　　　k——气体绝热指数。

其中气体绝热指数 k，即定压热容与定容热容之比，对于天然气一般为 1.28。

3. 油套环空气液两相流模型建立及求解

采用有限差分法求解井口环空压力的值，将环空中的液柱段离散，如图 1-6 所示，把环空中的液柱段在纵向分成 n 个单元格，井口气柱部分作为 $n+1$ 个单元格。有限差分解是由一系列相互连接的控制体或计算单元组成的流动通道。通常对计算单元上的变量进行交错排列，将温度、密度和孔隙度等标量定义在单元格的中心。变量的下标同样用 i 来表示。在应用交错网格时，通常将压力定义在每个单元格的中心。而本模型使用近似动量方程，通常则将压力定义在单元格的界面上，速度和流量也定义在单元格的界面上。

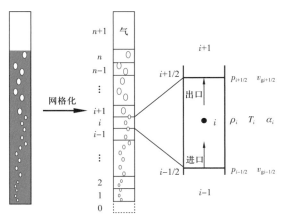

图 1-6　环空中的计算网格示意图

p—压力；i, n—网格序号

采用半隐式中心差分法来求解各个单元格内的气体速度 $\left(v_{\mathrm{g}}\right)_{i+1/2}^{n+1}$ 和含气率 α_i^{n+1}。其中气体的连续性方程的有限差分形式如下：

$$\frac{\left(\alpha\rho_{\mathrm{g}}\right)_i^{n+1}-\left(\alpha\rho_{\mathrm{g}}\right)_i^n}{\Delta t}+\frac{\left(\alpha\rho_{\mathrm{g}}\right)_{i+1/2}^n\left(v_{\mathrm{g}}\right)_{i+1/2}^{n+1}-\left(\alpha\rho_{\mathrm{g}}\right)_{i-1/2}^n\left(v_{\mathrm{g}}\right)_{i-1/2}^{n+1}}{\Delta z}=0 \qquad (1-5)$$

液体的连续性方程：

$$\frac{\left[\left(1-\alpha\right)\rho_{\mathrm{L}}\right]_i^{n+1}-\left[\left(1-\alpha\right)\rho_{\mathrm{L}}\right]_i^n}{\Delta t}+\frac{\left[\left(1-\alpha\right)\rho_{\mathrm{L}}\right]_{i+1/2}^n\left(v_{\mathrm{L}}\right)_{i+1/2}^{n+1}-\left[\left(1-\alpha\right)\rho_{\mathrm{L}}\right]_{i-1/2}^n\left(v_{\mathrm{L}}\right)_{i-1/2}^{n+1}}{\Delta z}=0$$

$$(1-6)$$

混合物的动量守恒方程：

$$\frac{\left(\rho_{\mathrm{m}}v_{\mathrm{m}}\right)_i^{n+1}-\left(\rho_{\mathrm{m}}v_{\mathrm{m}}\right)_i^n}{\Delta t}+\frac{\left(\rho_{\mathrm{m}}v_{\mathrm{m}}^2\right)_{i+1/2}^n-\left(\rho_{\mathrm{m}}v_{\mathrm{m}}^2\right)_{i-1/2}^n}{\Delta z}+\frac{p_{i+1/2}^{n+1}-p_{i-1/2}^{n+1}}{\Delta z}+\left(\rho_{\mathrm{m}}g\right)_i^n+\left(\frac{f}{2d_{\mathrm{h}}}\rho_{\mathrm{m}}v_{\mathrm{m}}^2\right)_i^n=0$$

$$(1-7)$$

式中 α——持液率，%；

ρ_{L}——液体密度，$\mathrm{g/cm}^3$；

ρ_{g}——气体密度，$\mathrm{g/cm}^3$；

Δt——时间，s；

Δz——步长，m；

ρ_{m}——混合物密度，$\mathrm{g/cm}^3$；

v_{m}——混合物速度，m/s；

f——摩擦系数；

d_{h}——水力直径，m。

整个迭代求解过程的流程如图1-7所示。

二、井下漏点检测技术

（一）井下漏点检测工具

液体或气体移动，或与介质接触时会产生声波。当井下发生泄漏，无论由油套管漏失、封隔器漏失或管外窜槽等工程问题都将产生一定频率的噪声，其强度（振幅）与流动压差成正比，较大的孔隙会产生低频声波，而较小的孔隙会产生高频声波。因此，当流体通过不同地质环境以及孔隙构造时，会产生不同频率的声波。超声波能谱漏点检测技术通过对声波信号的分析，达到检测套管外流体窜槽位置、油套管漏失位置以及泄漏程度等目的。

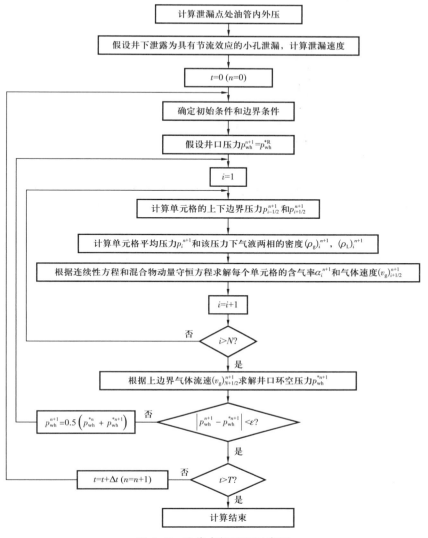

图 1-7　迭代求解过程示意图

t—时间，s；$p_{i-1/2}^{n+1}$—上边界压力，MPa；$p_{i+1/2}^{n+1}$—下边界压力，MPa；p_i^{n+1}—单元格平均压力，MPa；$\left(\rho_g\right)_i^{n+1}$—单元格

平均压力下气相的密度，g/cm³；$\left(\rho_L\right)_i^{n+1}$—单元格平均压力下液相的密度，g/cm³；$\alpha_i^{n+1}$—每个单元格的含气率；

$\left(v_g\right)_{i+1/2}^{n+1}$—每个单元格的气体速度；$\left(v_g\right)_{N+1/2}^{n+1}$—上边界气体流速；$p_{wh}^{*n+1}$—井口环空压力

（二）泄漏通道能谱图

由于流体声波频谱和音量与所经过的孔径大小、流体类型、压力、温度和流量密切相关，因此不同形态及位置的泄漏通道对应的超声波频率分布谱成像不同。本书仅介绍常见井下漏点所形成的频谱范围，如图 1-8 所示。

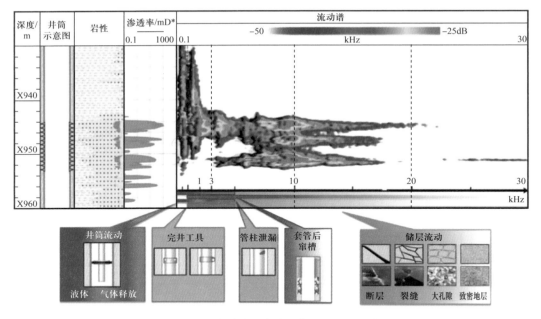

图1-8 不同流动介质中超声波成像测井声波频率分布特征

1. 井筒流动

由井眼流动引起的油管/套管振动产生的声波，通常频率范围在1kHz以下。若井筒压力低于气泡点压力，自有气体会析出并产生5kHz声波。

2. 完井工具

这类声波主要由射孔、转换接头、油管鞋、封隔器和套管泄漏产生，通常频率范围在1～3kHz之间。

3. 套管后窜槽

窜槽是指套管后的流体穿过水泥或裂缝性储层所经过的通道。它有清晰的边界（顶部和底部），并在频谱上显示为连接两个活动流动单元的狭长垂直条带，通常频率范围在3～5kHz。

4. 储层流动

储层流动声波是由储层流体流动的颗粒、孔隙通道和裂缝振动产生的。基质裂缝内流动引起的声波频率一般在5～10kHz，大孔隙内流动引起的声波频率一般在17～22kHz，致密地层内流动引起的声波频率一般在20kHz以上。

（三）超声波能谱成像技术特点

（1）声波能谱检测仪（SNL）可记录的声音频率范围8Hz至60kHz。

（2）检测并确定4层环空的压力来源。

（3）通过声波频谱可识别地层中的完井裂缝、水泥窜流、管柱漏点和基质流动。

（4）非接触测量，检测范围 3～5m。

（5）作业无须扶正器，安全性高。适用于钢丝、电缆、连续油管等作业。

三、典型案例

（一）井下漏点检测

MX022-X43 井为大斜度井，完钻井深为 6300m，垂深为 5120.6m，地层温度为 143.3℃，预测地层压力为 56.96MPa，二氧化硫含量为 16.13g/m³，测试产量为 33.20×10⁴m³/d，稳定油压 31.87MPa。井身结构数据见表 1-1，完井管柱结构如图 1-9 所示。

表 1-1　MX022-X43 井井身结构数据

钻头尺寸 × 深度 / mm×m	套管名称	套管外径 / mm	下入顶界深度 / m	下入底界深度 / m	水泥返深 / m
600.4×32.00	导管	508	0	32.00	0
444.5×504.00	表层套管	339.70	0	502.49	0
311.2×3109.00	技术套管	244.48	0	2420.83	0
		250.83	2420.83	3107.85	
	油层回接套管	177.80	0	2735.15	0
215.9×5119.00	油层悬挂套管	177.80	2735.15	3378.38	2735.15
		184.15	3378.38	3779.44	
		177.80	3779.44	5118.96	
149.2×6300.00	裸眼套管	裸眼段长 1181.04m			

注：回接筒压力等级 70MPa，内径 154mm。

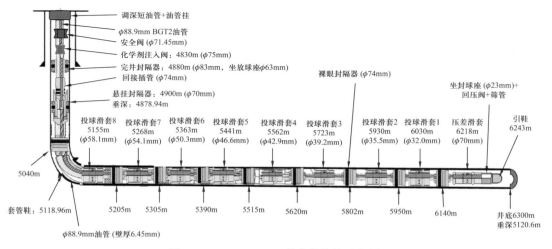

图 1-9　MX022-X43 井完井管柱示意图

该井在生产阶段 A 环空出现异常带压情况，油压为 21.17MPa，A 环空压力为 19.81MPa。为确定井下管柱及水泥环泄漏情况，判别该井井屏障状态，开展了井下漏点检测。检测采用钢丝作业，下入井下漏点检测工具，检测时打开 A 环空，保持 B 环空关闭，以不超过 50m/min 的速度下放检测仪器至预定工作深度，后上提检测工具，每上提 9m 停顿 35s 至井口完成检测，检测结果见表 1-2。

表 1-2　MX022-X43 井超声波成像漏点检测结果

深度 /m	声波	温度	备注
306.1	低频，低幅声波	—	接箍轻微泄漏在 ϕ88.9mm 油管
315.6	低频，低幅声波	—	接箍轻微泄漏在 ϕ88.9mm 油管
325.0	低频，低幅声波	—	接箍轻微泄漏在 ϕ88.9mm 油管
429.8	中频，中幅声波	—	接箍轻微泄漏在 ϕ88.9mm 油管
506.0	低频，低幅声波	—	接箍轻微泄漏在 ϕ88.9mm 油管
515.7	低频，低幅声波	—	接箍轻微泄漏在 ϕ88.9mm 油管
525.2	低频，低幅声波	—	接箍轻微泄漏在 ϕ88.9mm 油管
992.2	宽频，中幅声波	温度异常	接箍严重泄漏在 ϕ88.9mm 油管
1021.0	宽频，高幅声波	温度异常	接箍严重泄漏在 ϕ88.9mm 油管
1058.9	宽频，高幅声波	温度异常	接箍严重泄漏在 ϕ88.9mm 油管
1163.1	宽频，高幅声波	温度异常	接箍严重泄漏在 ϕ88.9mm 油管
1686.9	中频，中幅声波	—	接箍轻微泄漏在 ϕ88.9mm 油管
2020.3	低频，中幅声波	—	接箍轻微泄漏在 ϕ88.9mm 油管
2030.2	低频，中幅声波	—	接箍轻微泄漏在 ϕ88.9mm 油管
4562.9	低频，低幅声波	—	接箍轻微泄漏在 ϕ88.9mm 油管

通过超声波能谱漏点检测结果分析，在 1021.0m、1058.9m 和 1163.1m 处出现了高幅声波，并检测到温度异常，判断这 3 处油管接箍存在严重泄漏情况。

（二）地面环空压力诊断测试

MX009-4-X1 井完钻井深 5460.00m，地层温度为 143.74℃，地层压力为 76.3MPa。硫化氢含量为 7.59g/m^3，二氧化碳含量为 60.07g/m^3，该井完井井身结构如图 1-10 所示。

根据 MX009-4-X1 井身结构、生产数据和流体数据，模拟井筒温度场和井筒压力场，并以此计算天然气黏度、密度和压缩系数等关键参数，如图 1-11 和图 1-12 所示。通过油套环空带压后的 U 形管理论，开展油管内外压力场的分布计算，得出该井漏点位置在 4678m，如图 1-13 所示。

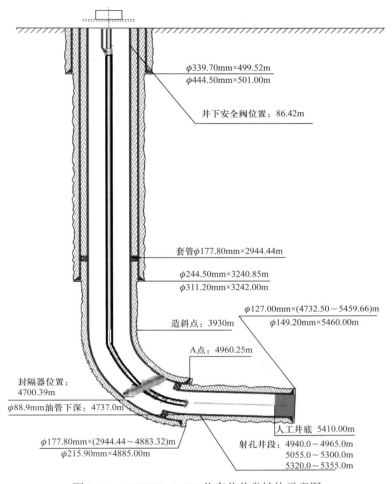

图 1-10　MX009-4-X1 井完井井身结构示意图

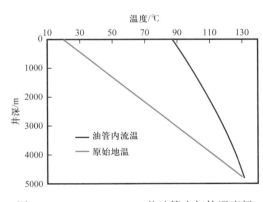

图 1-11　MX009-4-X1 井油管内气体温度场
分布图

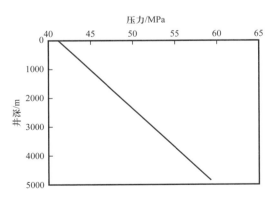

图 1-12　MX009-4-X1 井油管内流体压力场
分布图

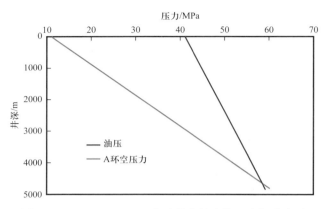

图1-13　MX009-4-X1井油管内外流体压力场分布图

第三节　安全风险评价

气井可以作为一个埋地的承压系统，与埋地管道相比，有一些共性，因此气井安全风险评价可以借鉴埋地管道的风险评价技术。气井可以看作是由于多个井下屏障部件和井口屏障部件组成的承压系统，可以将气井安全风险分为两部分：一是井屏障部件失效导致的泄漏事件发生的可能性，即失效的概率；二是一旦地下天然气发生泄漏，其后果严重程度和损失的大小。气井安全风险就作为井屏障失效发生泄漏的可能性与地下天然气发生泄漏后产生后果的组合变量，即概率和后果量化后的乘积。

一、井屏障失效概率计算

单个屏障部件的失效模式是指设备失效的状态或形式，在失效频率数据库方面，基础泄漏频率分析数据通过历史事故统计分析得到。对于大多数典型的井屏障设备，OREDA、Well-Master、OGP和SINTEF都给出了相应的失效模式和失效频率（表1-3）。事故概率的分析和定量风险评价首先要将事故发生的场景进行模拟和识别。单个井屏障部件的失效模式大小可分为小孔泄漏、中孔泄漏、大孔泄漏和完全破裂。

表1-3　主要井屏障失效概率统计（国外）

序号	部件名称及失效模式	不同泄漏尺寸对应的年失效概率			
		P_1（$<0.5cm^2$）	P_2（$0.5\sim5cm^2$）	P_3（$5\sim15cm^2$）	P_4（$>15cm^2$）
1	井下安全阀内漏	1.46×10^{-2}	—	—	1.04×10^{-2}
2	井下安全阀通过控制管线外漏	4.61×10^{-3}	—	—	—
3	阀门外漏	1.93×10^{-3}	—	—	—
4	阀门内漏	5.57×10^{-3}	—	—	1.86×10^{-3}
5	法兰压力监孔外漏	2.23×10^{-3}	—	—	—

序号	部件名称及失效模式	不同泄漏尺寸对应的年失效概率			
		P_1（<0.5cm²）	P_2（0.5~5cm²）	P_3（5~15cm²）	P_4（>15cm²）
6	封隔器失效	1.83×10^{-3}	—	—	7.33×10^{-4}
7	油管失效	8.2×10^{-4}	—	—	8.3×10^{-4}
8	套管外固井水泥质量差	5.00×10^{-2}	—	—	—
9	采气树帽外漏	7.88×10^{-4}	—	—	—
10	油（套）管挂试压孔或观察孔泄漏	6.67×10^{-3}	—	—	—
11	油（套）管挂顶丝失效	3.11×10^{-2}	—	—	—
12	油层套管柱失效	5.04×10^{-3}	—	—	1.10×10^{-3}
13	技术套管柱失效	3.96×10^{-3}	—	—	8.66×10^{-4}
14	表层套管柱失效	1.59×10^{-3}	—	—	3.49×10^{-4}
15	油套管挂总成失效	1.57×10^{-3}	2.17×10^{-4}	—	—
16	采油树与油管头连接法兰失效	1.35×10^{-4}	1.60×10^{-5}	1.60×10^{-5}	—

但是在进行实际的井屏障失效模式分析时，还应考虑井筒条件对井屏障失效风险因素的影响，应审查和考虑以下方面：

（1）屏障部件的设计是否满足新的工况要求（如井内温度、压力、流体组成发生变化，修井作业的载荷等）；

（2）屏障部件是否在建造时进行验证，并满足要求（水泥环胶结测试，水泥环长度等）；

（3）屏障部件是否进行了定期的测试（采油树、阀门等）；

（4）环空带压分析。

据此将其划分为 4 种状态，并对其可靠性数据进行相应的修正，见表 1-4。

表 1-4　井屏障失效概率修正分类

屏障状态	定义	备注	失效概率修正
完好	屏障部件按要求进行了设计，建造，验证和监控，不存在任何问题	没有任何问题或微小问题	取通用失效概率
未验证	井屏障部件在建井阶段没有进行验证或在运行阶段没有定期测试	如井筒未试压，尾管挂为验窜	取通用失效概率的10倍
退化	井屏障部件发生了泄漏，但是并未完全失效	如环空持续带压，但是通过 1/2in 针形阀在 24h 内能泄放至常压；DHSV 泄漏量超过 API 14B 的规定，但是泄漏尺寸小于 1/2in 孔径	取通用失效概率的10倍
失效	井屏障部件低于设计要求，或泄漏超过了可接受准则，或完全失效	如屏障部件的设计不符合现有的工况；泄漏量大于 1/2in 孔径的泄漏量	失效概率为 1

根据不同类型气井的泄漏途径，建立气井的故障树分析模型，计算气井失效概率。故障树模型的顶上事件是井内流体泄漏至环境，基本事件为各个井屏障部件失效，井内天然气突破相应的井屏障部件后（即泄漏途径）泄漏至外部环境。

二、井屏障失效泄漏量计算

油气井泄漏的安全后果与井泄漏量的大小密切相关。为了便于计算井泄漏量的大小，将各井屏障部件的每个失效模式设定了一个典型的尺寸，见表1-5，结合不同泄漏孔径的泄漏概率，为计算气井泄漏量做铺垫。

表1-5　典型的井泄漏尺寸分级

泄漏等级	泄漏尺寸面积 /cm²	典型孔径面积 /cm²	典型泄漏孔径 /mm
1	<0.5	0.5	8
2	0.5～5	5	25.4
3	5～15	15	43.7
4	＞15	50	80

在故障树分析（FTA）中，每种孔径泄漏的可能性分别用 P_1、P_2、P_3 和 P_4 来表示。气井失效泄漏量取决于地层的供给能力，计算气井失效最大泄漏量主要需要试油测试时的地层压力、测试产量，生产阶段的油压、产量等参数。具体方法如下：

（1）首先根据经典的一点法产能试井方程，计算原始地层压力条件下的无阻流量 Q_{AOF1}。

$$Q_{AOF1} = \frac{18 \times Q_1}{\sqrt{1 + \frac{352 \times \left(p_0{}^2 - p_{wf0}{}^2\right)}{p_0{}^2}} - 1} \qquad (1-8)$$

式中　Q_1——试油测试产量，m³/d；

　　　p_0——原始地层压力，MPa；

　　　p_{wf0}——试油测试时井底流压，MPa。

（2）计算气井当前地层压力下的无阻流量 Q_{AOF2}。

$$Q_{AOF2} = Q_{AOF1} \times \frac{p_2}{p_0} \sqrt{\frac{Z_1 u_{g1}}{Z_2 u_{g2}}} \qquad (1-9)$$

式中　p_2——气井当前地层压力，MPa；

　　　Z_1，Z_2——天然气压缩因子；

　　　u_{g1}，u_{g2}——流速。

（3）计算当前地层压力下井口最大压力 $p_{t\,max}$ 和各泄漏尺寸达到当前无阻流量时需要的油压 $p_{t(x)}$（$p_{t(1)}$，$p_{t(2)}$，$p_{t(3)}$，$p_{t(4)}$）。

$$p_{t(x)} = 0.0980665 \times \left(\frac{\pi Q_{AOF2}}{400 K S_{(x)}} - 1 \right) \tag{1-10}$$

当 $p_{t(x)} > p_{t\,max}$ 时，$p_{t(x)} = p_{t\,max}$。然后计算井底流压 $p_{wf(x)}$，最后计算井口压力为 $p_{t(x)}$ 时各泄漏尺寸的最大泄漏量 $Q'_{s(x)}$，有：

$$Q'_{s(x)} = \frac{Q_{AOF2}}{18} \times \left[\sqrt{1 + \frac{352 \left(p_2^2 - p_{wf(x)}^2 \right)}{p_2^2}} - 1 \right] \tag{1-11}$$

式中 Q_{AOF2}——当前地层压力下的无阻流量，m^3/d；

$S_{(x)}$——4 种典型孔径的泄漏面积，cm^2；

K——修正系数，取值范围为 14.5～15，上温较低、上压较高时取 15，反之取 14.5；

p_2——当前地层压力，MPa；

$p_{wf(x)}$——井口流压为 $p_{t(x)}$ 时的井底流压，MPa。

（4）计算井口压力为 $p_{t(x)}$ 时达到对应的最大泄漏量 $Q'_{s(x)}$ 需要的泄漏面积 $S'_{(x)}$。

$$S'_{(x)} = \frac{\pi Q'_{s(x)}}{400 K \left(1 + \frac{p_{\pm}}{0.0980665} \right)} \tag{1-12}$$

式中 $S'_{(x)}$——泄漏面积，cm^2；

K——修正系数，14.5～15，上温较低、上压较高时取 15，反之取 14.5；

$p_{\pm}$——大气压力，0.101MPa。

（5）对比表 1-5 典型的井泄漏面积，当 $S'_{(x)}$ 小于典型泄漏面积时，则该井典型泄漏尺寸的泄漏量（$Q_{s(1)}$、$Q_{s(2)}$、$Q_{s(3)}$、$Q_{s(4)}$）等于泄漏面积 $S_{(x)}$ 对应的流量 $Q'_{s(x)}$；当 $S'_{(x)}$ 大于典型泄漏面积时，其典型泄漏面积对应的泄漏量 $Q_{s(x)}$ 用式（1-13）进行计算：

$$Q_{s(x)} = Q'_{s(x)} \times \frac{S_{(x)}}{S'_{(x)}} \tag{1-13}$$

（6）采用井屏障失效故障树计算的 4 种典型泄漏面积的泄漏概率 P_1、P_2、P_3 和 P_4，计算气井的泄漏量。

$$P = P_1 \cup P_2 \cup P_3 \cup P_4$$

气井的泄漏量 Q_s 为 4 种典型泄漏面积的泄漏量的加权平均。

$$Q_s = \frac{P_1 Q_{s1} + P_2 Q_{s2} + P_3 Q_{s3} + P_4 Q_{s4}}{P}$$

三、井屏障失效后果评价

国内外由于井屏障失效造成井内流体喷出地面的事故（井喷失控事故）层出不穷，造成了巨大的人员和财产损失以及环境损害。川渝地区人口众多，山区人口密度大，部分气井周围居住了相当数量的人口。气井内的流体介质主要有甲烷和硫化氢，而甲烷是一种易燃易爆的气体，一旦泄漏与空气混合后，遇到火源时就会发生燃烧爆炸，产生的热辐射和冲击波破坏力极大，会造成人员烧伤甚至死亡。硫化氢是一种无色、有臭鸡蛋味的剧毒气体，泄漏后随风扩散，极易在低洼处积聚，造成人员和家畜中毒死亡。$15mg/m^3$（10ppm）的硫化氢含量就会使人有强烈的刺热感，超过此浓度必须戴防护用具；$150mg/m^3$（100ppm）以上含量就会产生致命性的伤害。后果分析主要是评估事故发生后造成的后果，事故后果分析基于各种事故后果伤害模型和伤害准则，通过事故后果模型得到热辐射、冲击波超压或毒物浓度等随距离变化的规律，然后与相应的伤害准则进行比较，得出事故后果影响的范围。

高压气体冲击、天然气泄漏后着火引起的燃烧、爆炸以及硫化氢中毒对人员的伤害是气井的主要风险源，但由于天然气泄漏后着火引起的燃烧、爆炸的危害远远大于天然气高压冲击的危害，因此，在气井风险量化评价对气井泄漏造成的危害进行分析时，忽略高压气体冲击的危害，主要考虑天然气燃烧爆炸和硫化氢中毒。事故发生后能够造成人员伤亡、财产损失和环境破坏等多种影响。通常情况下，定量风险评价中仅考虑造成人员死亡的情况，结合当前安全环保形势和公司的风险管理工作实际，确定井屏障失效后的主要危害包括：人员伤亡影响与环境影响，综合选取最高危害级别作为危害严重程度指标。

（一）燃烧爆炸后果

天然气泄放主要分为瞬时泄放与连续泄放两种模式，通过计算气井的泄漏孔径和泄漏量，判断燃烧爆炸后果，当泄漏孔径小于 6.35mm 时，可以直接认为是持续泄放；当泄漏孔径大于 6.35mm，并且 3min 的泄漏量超过 4540kg，则认为是瞬时泄放，否则认为是持续泄放，不同泄放状态产生的泄放后果如图 1-14 和图 1-15 所示。

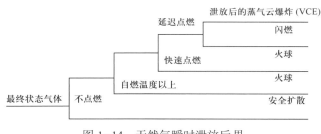

图 1-14　天然气瞬时泄放后果

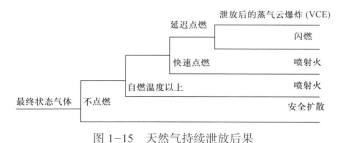

图 1-15　天然气持续泄放后果

同时，根据点燃情况又可分为延迟点火、快速点火、自燃和不点燃几种燃烧模式。井屏障失效泄漏是持续泄放，一般考虑为人的延迟点火。延迟点火概率见表 1-6。

表 1-6 延迟点火概率表

点火源	1min 内点火概率	点火源	1min 内点火概率
机动车	0.4	炼油厂	0.9
火炬	1.0	重工业	0.7
户外火炉	0.9	内燃机车	0.4
化工厂	0.9	居民区	0.01/ 人

对某个居民区而言，$0 \sim t$ 时间内的点火概率可由式（1-14）计算：

$$P(t) = 1 - e^{-nwt}$$

（1-14）

式中 n——居民区内平均人数；

w——每个人 1min 内的点火概率；

t——时间，min。

计算人为点火概率见表 1-7。

表 1-7 人为点火概率计算

持续时间 人数	1min	5min	10min	30min	60min	120min	240min	360min
1	0.010	0.048	0.095	0.259	0.451	0.698	0.907	0.973
2	0.020	0.095	0.181	0.451	0.698	0.909	0.991	0.999
3	0.030	0.139	0.259	0.593	0.835	0.972	1.000	1.000
4	0.039	0.181	0.329	0.699	0.909	0.992	1.000	1.000
5	0.049	0.221	0.393	0.776	0.950	0.997	1.000	1.000
10	0.095	0.393	0.632	0.950	0.997	1.000	1.000	1.000
15	0.139	0.527	0.776	0.988	0.999	1.000	1.000	1.000

为了计算结果更加保守安全，气井持续泄放后点火概率取为 1。

天然气泄漏造成的结果主要有：安全扩散、喷射火、蒸气云爆炸、闪燃，同时还要考虑由燃烧爆炸造成的冲击波超压与热辐射。通过文献调研，冲击波超压对人的伤害效果见表 1-8。

其中井站常见建筑为板房（瓦盖房）与砖混机构小房屋两种。通过文献调研，冲击波超压对建筑的破坏作用见表 1-9。

使用燃烧爆炸定量风险评价软件，模拟多个泄漏条件下的影响半径，采用向上取值的方式来确定预估影响半径。

表 1-8　冲击波超压对人影响

Δp/kPa	伤害效果	Δp/kPa	伤害效果
<19.6	能保证人员安全	49～98	严重损伤人的内脏或引起死亡
19.6～29.4	人体受到轻微损伤	>98	大部分人员死亡
29.4～49	损伤人的听觉器官或产生骨折		

表 1-9　冲击波超压对建筑的破坏作用

Δp/kPa	破坏作用	Δp/kPa	破坏作用
15～20	窗框损坏	100～200	防震钢筋混凝土建筑物破坏，小房屋倒塌
20～100	木建筑厂房柱折断，房架松动，墙倒塌	>200	大型钢架结构破坏

目前业内使用的主要定量风险分析软件有荷兰 TNO 的 riskcurves/effects 9.0 进行泄漏爆炸计算。在 TNO effects 9.0 中燃烧爆炸模型主要分为火球、冲击波、热辐射及喷射火 4 个模型，具体模拟过程如图 1-16 所示。由于持续泄漏造成的燃烧与喷射火的热辐射致伤半径小于全质量闪燃火球半径与冲击波致伤半径，故不进行模拟计算。

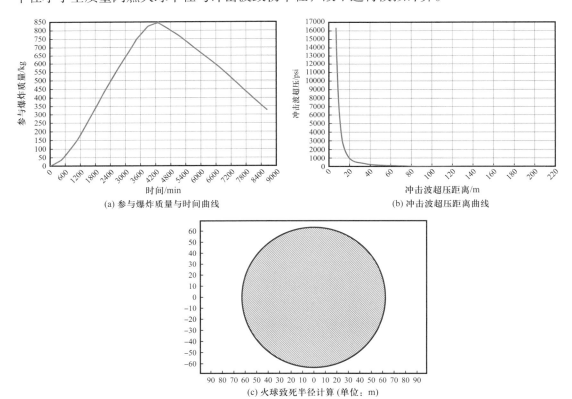

(a) 参与爆炸质量与时间曲线

(b) 冲击波超压距离曲线

(c) 火球致死半径计算（单位：m）

图 1-16　使用 TNO effects 9.0 模拟计算过程示意图

在做气井失效泄漏后果评价时，通常取常规气井最大巡护间隔 4h 作为泄漏时间，点火时间设置为 4h 泄漏结束后点火，以此作为最严重后果进行模拟计算。计算的预估泄漏量与影响半径计算结果见表 1-10 和图 1-17。

表 1-10　模拟计算不同泄漏量的伤害半径

泄漏速度 / m³/d	参与爆炸质量 / kg	冲击波影响半径 /m				火球燃烧半径 / m
		轻微损伤	损伤听觉器官或产生骨折	严重内脏损害或引起死亡	大部分人员死亡、小型房屋倒塌	
10	0.019898	—	—	—	—	1.17
50	0.28979	4	3.1	2.3	1.6	2.93
100	0.91252	5.9	4.5	3.4	2.4	3.69
500	13.1	14.3	10.6	8.3	5.8	6.30
1000	40.735	20.9	16	12	8.4	7.94
5000	289.31	40.2	30.9	23.2	16.2	13.58
10000	614.41	51.7	39.7	29.8	20.8	17.11
50000	4091.4	97.3	74.7	56	39.2	29.26
100000	9074.6	127	97.4	73	51.2	36.87
500000	32468	194	149	112	78.2	63.04

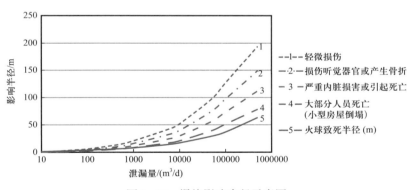

图 1-17　爆炸影响半径示意图

同时对模拟计算气井常见的人居调查范围所对应的泄漏量进行了计算，计算结果见表 1-11。

（二）燃烧爆炸后果

参照 SY/T 5087—2017《硫化氢环境钻井场所作业安全规范》标准，不同浓度的硫化氢对人体的生理影响及危害见表 1-12。考虑硫化氢中毒危害，首要指标需考虑含硫井安全间距是否达标。

表 1-11　不同影响半径对应的泄漏量

生理影响及危害	不同影响半径对应的泄漏量 /（m³/d）						
	10m	20m	30m	50m	100m	150m	200m
损伤听觉器官或产生骨折	419	1498	4339	19409	10.7×10⁴	51.4×10⁴	176×10⁴
严重内脏损害或引起死亡	707	3111	10138	37942	30.7×10⁴	177×10⁴	560×10⁴
大部分人员死亡、小型房屋倒塌	1379	8641	26690	93702	142×10⁴	757×10⁴	7240×10⁴
发生爆炸，对区域内造成无差别破坏	3324	20507	67166	41.8×10⁴	760×10⁴	14200×10⁴	90600×10⁴

表 1-12　硫化氢对人的生理影响及危害

在空气中的浓度			暴露于硫化氢的典型特性
％（体积分数）	ppm	mg/m³	
0.000013	0.13	0.18	通常，在大气中含量为 0.195mg/m³（0.13ppm）时，有明显和令人讨厌的气味，在大气中含量为 6.9mg/m³（4.6ppm）时就相当显而易见。随着浓度的增加，嗅觉就会疲劳，气体不再能通过气味来辨别
0.001	10	15	有令人讨厌的气味。眼睛可能受刺激。美国政府工业卫生专家协会推荐的阈限值（8h 加权平均值）。 我国规定几乎所有工作人员长期暴露都不会产生不利影响的最大硫化氢浓度
0.0015	15	21.61	美国政府工业卫生专家联合会推荐的 15min 短期暴露范围平均值
0.002	20	30	在暴露 1h 或更长时间后，眼睛有烧灼感，呼吸道受到刺激，美国职业安全和健康局的可接受上限值。工作人员在露天安全工作 8h 可接受的硫化氢最高浓度
0.005	50	72.07	暴露 15min 或 15min 以上的时间后嗅觉就会丧失，如果时间超过 1h，可能导致头痛、头晕和（或）摇晃。超过 75mg/m³（50ppm）将会出现肺浮肿，也会对人员的眼睛产生严重刺激或伤害
0.01	100	150	3～15min 就会出现咳嗽、眼睛受刺激和失去嗅觉。在 5～20min 过后，呼吸变样、眼睛就会疼痛并昏昏欲睡，在 1h 后就会刺激喉道。延长暴露时间将逐渐加重这些症状。我国规定对工作人员生命和健康产生不可逆转的或延迟性的影响的硫化氢浓度
0.03	300	432.40	明显的结膜炎和呼吸道刺激。 注：考虑此浓度定为立即危害生命或健康，参见（美国）国家职业安全和健康学会 DHHS No.85-114《化学危险袖珍指南》
0.05	500	720.49	短期暴露后就会不省人事，如不迅速处理就会停止呼吸。头晕、失去理智和平衡感。患者需要迅速进行人工呼吸和（或）心肺复苏术
0.07	700	1008.55	意识快速丧失，如果不迅速营救，呼吸就会停止并导致死亡。必须立即采取人工呼吸和（或）心肺复苏术
0.10+	1000+	1440.98+	立即丧失知觉，结果将会产生永久性的脑伤害或脑死亡。必须迅速进行营救，应用人工呼吸和（或）心肺复苏术

基于上述硫化氢对人的生理影响，按照硫化氢浓度150mg/m³（100ppm）（重伤）与720.49mg/m³（500ppm）（致死）分别计算暴露半径，调查相应暴露半径内人员密度情况，对于150mg/m³（100ppm）与720.49mg/m³（500ppm）内人员密度可接受值需通过调研结合现场情况进行确认。

按 Q/YS 01039.3—2019《油气集输管道和厂站完整性管理规范 第3部分：管道高后果区识别和风险评价》经典的简化公式计算暴露半径。

150mg/m³（100ppm）暴露半径：

$$X_m = (8.404nQ_m)^{0.6258} \qquad (1-15)$$

750mg/m³（500ppm）暴露半径：

$$X_m = (2.404nQ_m)^{0.6258} \qquad (1-16)$$

式中 n——混合气体中硫化氢（二氧化硫）的摩尔分数，%；

Q_m——在标准大气压下和15.6℃条件下的泄放量，m³；

X_m——暴露半径（ROE），m。

计算相应安全距离的硫化氢释放量阈值，见表1-13。

表1-13 不同影响半径对应的最大硫化氢释放量

影响半径/m	150mg/m³（100ppm）硫化氢释放量/g	750mg/m³（500ppm）硫化氢释放量/g
5	1.557529577	5.444874612
10	4.714857533	16.48238881
50	61.71502662	215.7458751
100	186.8199246	653.0926149
200	565.5297605	1977.001708
300	1081.038858	3779.139168
500	2445.375399	8548.641785
1000	7402.489679	25877.92149

计算不同硫化氢浓度的天然气造成重伤或致死的影响半径对应的气体泄漏量，见表1-14和表1-15。

在实际应用过程中，一旦发生气体泄漏，现场发现后会及时切断气源，这个响应时间决定了气井的泄漏量，可以通过以下泄漏量估算模型进行计算：

$$Q_m = tW_g \qquad (1-17)$$

其中

$$W_g = 0.0056tC_dS_kp\sqrt{\frac{KM}{RT}g_c\left(\frac{2}{K+1}\right)^{\frac{K+1}{K-1}}} \qquad (1-18)$$

表 1-14　重伤影响半径对应的最大泄漏量

重伤影响半径 /m	不同硫化氢浓度的天然气重伤影响半径对应的最大泄漏量 /m³						
	0.2g/m³	1g/m³	5g/m³	30g/m³	50g/m³	80g/m³	100g/m³
5	7.79	1.56	0.31	0.05	0.03	0.02	0.02
10	23.57	4.71	0.94	0.16	0.09	0.06	0.05
50	308.58	61.72	12.34	2.06	1.23	0.77	0.62
100	934.10	186.82	37.36	6.23	3.74	2.34	1.87
200	2827.65	565.53	113.11	18.85	11.31	7.07	5.66
300	5405.19	1081.04	216.21	36.03	21.62	13.51	10.81
500	12226.88	2445.38	489.08	81.51	48.91	30.57	24.45
1000	37012.45	7402.49	1480.50	246.75	148.05	92.53	74.02

表 1-15　致死影响半径对应的最大泄漏量

致死影响半径 /m	不同硫化氢浓度的天然气致死影响半径对应的最大泄漏量 /m³						
	200mg/m³	1g/m³	5g/m³	30g/m³	50g/m³	80g/m³	100g/m³
5	27.22	5.44	1.09	0.18	0.11	0.07	0.05
10	82.41	16.48	3.30	0.55	0.33	0.21	0.16
50	1078.73	215.75	43.15	7.19	4.31	2.70	2.16
100	3265.46	653.09	130.62	21.77	13.06	8.16	6.53
200	9885.01	1977.00	395.40	65.90	39.54	24.71	19.77
300	18895.70	3779.14	755.83	125.97	75.58	47.24	37.79
500	42743.21	8548.64	1709.73	284.95	170.97	106.86	85.49
1000	129389.61	25877.92	5175.58	862.60	517.56	323.47	258.78

式中　t——泄漏响应时间，s；

C_d——泄漏系数，取 0.85；

S_k——泄漏截面积，mm²；

p——压强，MPa；

K——理想气体比热容比，刚性多原子按 4/3 取；

M——混合气体的相对分子质量；

R——理想气体常数 8.314 J/（mol·K）；

T——温度，K；

g_c——转变系数，取 32.2。

简化模型：

$$W_{\mathrm{g}}=0.0063tS_{\mathrm{k}}p\sqrt{\frac{M}{T}}$$

第四节　安全风险分级

气井安全风险等级应该按照两部分进行划分：一是井屏障失效概率等级，二是失效后果等级，根据风险等级，赋予分值。

通过井屏障失效故障树，计算气井的失效概率，按照 Q/SY 1805—2015《生产安全风险防控导则》对事故频率等级的划分，赋予分值（表 1-16）。

表 1-16　事故发生概率等级赋分表

概率等级		每年事故发生概率	说明
分值	描述		
1	非常低	$X<10^{-4}$	国内没有先例
2	低	$10^{-4}\leqslant X<10^{-3}$	国内有先例
3	中等	$10^{-3}\leqslant X<10^{-2}$	集团公司有先例
4	高	$10^{-2}\leqslant X<10^{-1}$	预期会发生
5	非常高	$X\geqslant 10^{-1}$	在生命周期内经常发生

按照中国石油天然气集团有限公司生产安全事故管理办法，事故分为一般事故、较大事故、重大事故和特别重大事故 4 个等级。而对于损失超过"一般事故"的事故，均认为不可接受。结合中华人民共和国生态环境部《国家突发环境事件应急预案》中对于突发环境事件的划分，综合进行等级划分和赋予分值，见表 1-17。

表 1-17　失效后果分级赋分表

分值	严重等级	人员伤害	环境影响
1	轻微	3 人以下轻伤	事故影响仅限于生产区域，没有对周边环境造成影响
2	一般	3 人以下重伤，或 3 人以上轻伤	（1）造成或可能造成大气环境污染，需疏散转移 100 人以下。 （2）造成或可能造成跨乡镇级行政区域纠纷。 （3）非环境敏感区油品泄漏量 5t 以下
3	较大	3 人以下死亡，或 3 人以上 10 人以下重伤，或 10 人以上轻伤	（1）造成或可能造成大气环境污染，需疏散转移 100 人以上、500 人以下。 （2）造成或可能造成跨县（市）级行政区域纠纷。 （3）环境敏感区油品泄漏量 1t 以下，或非环境敏感区油品泄漏量 5t 以上、10t 以下

续表

分值	严重等级	人员伤害	环境影响
4	重大	3人以上10人以下死亡，或10人以上50人以下重伤	（1）造成或可能造成河流、沟渠、水塘、分散式取水口等水体大面积污染。 （2）造成乡镇以上集中式饮用水水源取水中断。 （3）造成基本农田、防护林地、特种用途林地或其他土地严重破坏。 （4）造成或可能造成大气环境污染，需疏散转移500人以上、1000人以下。 （5）造成或可能造成跨地（市）级行政区域纠纷。 （6）环境敏感区油品泄漏量1t以上、10t以下，或非环境敏感区油品泄漏量10t以上、100t以下
5	特别大	10人以上死亡，或50人以上重伤	（1）造成或可能造成饮用水源、重要河流、湖泊、水库及沿海水域大面积污染。 （2）事件发生在环境敏感区，对周边环境、区域生态功能或濒危物种生存环境造成重大影响。 （3）造成县级以上城区集中式饮用水水源取水中断。 （4）造成基本农田、防护林地、特种用途林地或其他土地基本功能丧失或遭受永久性破坏。 （5）造成或可能造成区域大气环境严重污染，需疏散转移1000人以上。 （6）造成或可能造成跨省级行政区域纠纷。 （7）环境敏感区油品泄漏量10t以上，或非环境敏感区油品泄漏量100t以上

　　根据 Q/SY 1805—2015《生产安全风险防控导则》对事故风险的分级要求，通过气井安全风险计算得分，划分气井安全风险等级（表1-18），并按照井完整性管理要求，进行"红绿灯"式分级管理（表1-19）。

表1-18　事故风险的分级赋分表

风险等级	风险等级分值	描述	需要的行动	改进建议
1级（低度）	$1 \leqslant R \leqslant 4$	可以接受	不需要采取进一步措施降低风险	不需要
2级（中度）	$4 < R \leqslant 9$	控制措施落实条件下可以容忍	依据成本情况采取措施，需要确认程序和控制措施已经落实，强调对他们的维护工作	评估现有控制措施是否均有效
3级（高度）	$9 < R \leqslant 16$	难以容忍	应通过工程和（或）管理、技术上的控制措施，在一个具体的时间段（12个月）内，把风险降低到2级或以下	需要并制订专门的管理方案以削减
4级（严重）	$16 < R \leqslant 25$	绝对不能容忍	应通过工程和（或）管理、技术上的专门措施，限期（不超过6个月）把风险降低到2级或以下	需要并制订专门的管理方案以削减

表 1-19 "红绿灯"式风险分级管理

风险等级分值 失效后果	失效概率	1 非常低 $X<10^{-4}$	2 低 $10^{-4}\leqslant X<10^{-3}$	3 中 $10^{-3}\leqslant X<10^{-2}$	4 高 $10^{-2}\leqslant X<10^{-1}$	5 非常高 $X\geqslant10^{-1}$
1	轻微	1	2	3	4	5
2	一般	2	4	6	8	10
3	较大	3	6	9	12	15
4	重大	4	8	12	16	20
5	特别大	5	10	15	20	25

第二章

带压更换井口闸阀技术

井口闸阀作为二级井屏障为保障油气井的安全生产发挥着至关重要的作用。然而，由于长时间的使用和环境因素的影响，井口闸阀可能会出现磨损、腐蚀等问题，需要及时进行更换。传统井口闸阀的更换方式往往需要停产减压，不仅影响生产效益，还可能增加安全风险，而带压更换井口闸阀技术能够在保持生产系统正常运行的前提下完成设备的维修和更换，能有效避免因停产减压带来的经济损失和安全风险。

第一节 概　　况

一、带压换阀技术简况

在油气开采现场，由于产出流体含硫化氢、二氧化碳及地层水等腐蚀性介质，以及残酸、泥浆、固相颗粒等杂质，致使井口设备及其部件受到腐蚀、老化或磨损而产生泄漏，给油气井的安全生产带来严重隐患。通常的压井作业投资大、成本高且会对油气层造成伤害。

采油气井口的阀门泄漏可分为内漏和外漏两大类，内漏主要情况为阀板与阀座因磨损等原因关闭不严。外漏主要情况为：（1）阀盖与阀体连接处密封（静密封）失效；（2）阀杆密封（动密封）因填料老化、磨损而泄漏；（3）井口连接法兰因密封垫环、钢圈槽损伤发生泄漏；（4）本体失效泄漏[2]。

井口泄漏往往是导致燃烧、爆炸、中毒以及相关井控事故的前奏，必须采取及时有效的措施加以整改。对于井口可控制部分的整改，可通过切断上游主控阀后实施。针对井口主控阀（1号阀、2号阀、3号阀）内漏、外漏等安全隐患，通常的整改方式为压井至井内平稳后再将带病主控阀更换为新闸阀，但压井后更换主控阀的方法在应用中面临诸多问题，如：压井施工需准备管线、水罐、泵车等设备，对场地、井场道路有一定要求且施工成本较高；针对带封隔器完井的井，存在油套不连通、压井施工难度高的问题；针对高压井只能选用大密度钻井液压井，将大幅度增加环保风险及环保成本；低压井进行压井后，存在排液复产困难甚至停产的问题，同时由于低压井存在压井液漏失的问题，可能在更换主控阀期间发生井控风险。

二、带压换阀技术类型

带压换阀技术分为两种：丢手带压换阀和不丢手带压换阀。目前丢手带压换阀技术由于安全隐患的原因已被废除，采用更为安全、可控的不丢手带压换阀技术。

（一）丢手带压换阀

将堵塞工具送入油管内孔或大四通侧孔，堵塞工具通过锚卡固定在井内阻断井下流体（该过程称为丢手），坐封后卸去堵塞工具下游压力，将带病主控阀更换的工艺措施称为丢手带压换阀。丢手带压换阀的缺点：堵塞工具通过锚卡固定在井内，看不见，摸不着，锚卡的固定牢靠程度无法确认，当锚卡固定不牢或锚卡断裂时，堵塞工具坐封后在井内压力的作用下冲出井口，在施工过程中井口失去控制，会酿成恶性事故[3]。2010年2月8日在川中油气矿 M208 井的带压换阀作业中，采用的即是丢手工艺，该次作业过程中，堵塞工具送入大四通侧孔后，其锚卡未能牢靠固定在大四通侧孔，当主控阀拆卸后，堵塞工具被冲出井口，井口随即失控，造成3人死亡的重大事故。这种工艺措施自该事故过后即被否定。

（二）不丢手带压换阀

该技术采用不丢手带压换阀工具，在不压井的前提下完成对井口主控阀的更换作业，由于作业工具体积小无须修整井场及入场道路、可不压井进行换阀作业的特点，因此该技术具备适用范围广、环保程度高、作业成本低及施工周期短等显著优势。带压换阀技术已逐步成为一项较为成熟、可靠的配套工艺，并日益成为采油气井口安全整改的重要技术手段。目前针对井口主控阀的带压换阀作业均采用不丢手带压换阀作业。

第二节　不丢手带压换阀技术

一、不丢手带压换阀工艺技术特点

当液压式堵塞器通过传送杆送达预定堵塞位置后，启动液压泵使液压油通过高压胶管和传送杆泵入液缸，逐步增压使液缸活塞移动而产生一个轴向力，从而使堵塞器上的胶筒膨胀并紧贴在通孔的内壁上，以封堵井内高压油气，并由液压锁锁住使液压式堵塞器在工作状态时压力不变。泄掉堵塞器后部剩余压力，确认卡瓦牙与卡瓦座可靠密封后，拆除送进机构，更换主控阀。换上新阀后再次安装送进机构，打开液压锁，取出液压式堵塞器，带压换阀施工作业即告完成。堵塞器胶筒坐封位置可根据井口装置情况及带压换阀工具进行调整，达到屏蔽该处井口通道，可使胶筒下游压力泄至零即满足要求。

主控阀安全更换技术具有如下特点[4]：

（1）采用液压控制技术使堵塞器在井口装置内封堵高压油（气）的方法，结构简单、安全可靠。

（2）通过液压系统的压力表能准确反映出封堵张紧压力，实现了对堵塞器的准确控制；采用液压锁能可靠地控制封堵压力，且方便解封。

（3）由于采用液压行动和液压控制技术，液压式堵塞器的井内液压缸的行程较大，密封筒较长，并处于受压状态，从而大大提高了堵塞器的承压能力和密封性能，气密封试验压力达50MPa时，堵塞器无泄漏、不移动。

二、不丢手带压换阀工具及相关材料要求

（1）带压换阀工具主要部件。

举升系统（螺杆及液缸）：液压传动工具，可利用液压泵产生的液压实现螺杆的上推/下放，克服井内压力产生的上顶力，完成不丢手带压换阀作业。

内侧锁定装置：拼接式法兰盘结构，用于在井口段锁定传送杆，确保堵塞器胶筒在井内压力上顶的情况下不发生位移。

机械锁定工具：两块夹板，通过螺栓夹持以将传送杆与液缸锁定，确保堵塞器胶筒在井内压力上顶的情况下不发生位移。

堵塞器：堵塞器安装于传送杆下部，通过液压系统送至井口装置指定地方坐封，屏蔽井内压力。

防喷管：滑动密封系统，其工作原理类似于环形防喷器。

（2）施工井井口压力条件下，带压换阀工具所有受力部件强度安全系数应不低于 2.5，关键部件（包括堵塞器、传送杆、支撑螺杆、液缸、防喷管、锁定板等）应由有资质的检测单位出具受力部件探伤和机械性能检测合格报告，带压换阀工具在使用 10 井次或 1 年后（以先到为准）应进行检验。

（3）在含硫化氢井作业时，带压换阀工具与井内流体接触部分，如堵塞器（含胶筒）、传送杆、防喷管等部件应采用满足该井工况的抗硫材质。

（4）根据预定坐封位置通径选择堵塞器，确保坐封后可有效阻断井内压力。

（5）堵塞器密封胶筒不可重复使用。

（6）密封胶筒按批次进行试压，抽检量 10%，不足 10 个按 1 个抽检。

三、不丢手带压换阀工艺关键参数计算

（一）胶筒启封后传送杆受到的上顶力

$$F = \pi \times (OD/2)^2 p \qquad (2\text{--}1)$$

式中　OD——堵塞器最大外径，mm；

　　　p——井筒压力，MPa；

　　　F——上顶力，N。

（二）传送杆安全系数校核

惯性矩（I）：

$$I = \frac{\pi}{64}\left(OD^4 - ID^4\right) \qquad (2\text{--}2)$$

截面积（A_s）：

$$A_s = \frac{\pi}{4}\left(OD^2 - ID^2\right) \qquad (2\text{--}3)$$

式中　OD——外径，mm；

　　　ID——内径，mm。

惯性半径（RG）：

$$RG = \left(\frac{I}{A_s}\right)^{0.5} \qquad (2\text{--}4)$$

细长比（SR）：

$$SR = \frac{L}{ID} \qquad (2\text{--}5)$$

式中　L——传送杆和堵塞器工具的总长，mm。

临界细长比：

$$SR_{\mathrm{C}} = \pi\left(2 \times \frac{E}{S_{\mathrm{y}}}\right)^{0.5} \qquad (2\text{-}6)$$

式中　E——传送杆的杨氏模量，MPa；

　　　S_{y}——传送杆屈服应力，MPa。

当 $SR \geqslant SR_{\mathrm{C}}$ 时，临界弯曲载荷为：

$$F_{\mathrm{eb}} = \pi^2 E \frac{I}{L^2} \qquad (2\text{-}7)$$

当 $SR < SR_{\mathrm{C}}$ 时，临界弯曲载荷等于：

$$F_{\mathrm{lb}} = S_{\mathrm{y}} A_{\mathrm{A}}\left[1 - \frac{\left(\dfrac{L}{RG}\right)^2}{2 \times SR_{\mathrm{C}}^{\,2}}\right] \qquad (2\text{-}8)$$

式中　A_{A}——传送管截面积，m^2。

　　根据上述公式可求出临界弯曲载荷，与堵塞器胶筒受到的上顶力比值即为传送杆在该工况下的安全系数，要求大于 2.5。

（三）螺杆安全系数校核

　　不丢手带压换阀工具共 2 根螺杆，其中单根螺杆受力为堵塞胶筒受到的上顶力的 1/2，将计算结果与选用螺杆抗拉强度求取比值即可算出安全系数，要求大于 2.5。

（四）液缸强度校核

$$F_1 = F/2 \qquad (2\text{-}9)$$

式中　F——上顶力，N。

$$\sigma_{\mathrm{VME}} = \frac{1}{\sqrt{2}}\left[\left(\sigma_Z - \sigma_\theta\right)^2 + \left(\sigma_\theta - \sigma_\tau\right)^2 + \left(\sigma_Z - \sigma_\tau\right)^2\right]^{1/2} \qquad (2\text{-}10)$$

　　　其中

$$\sigma_\tau = \frac{r_{\mathrm{i}}^2 + r_{\mathrm{i}}^2 r_{\mathrm{o}}^2 / r^2}{r_{\mathrm{o}}^2 - r_{\mathrm{i}}^2} p_{\mathrm{i}} - \frac{r_{\mathrm{o}}^2 + r_{\mathrm{i}}^2 r_{\mathrm{o}}^2 / r^2}{r_{\mathrm{o}}^2 - r_{\mathrm{i}}^2} p_{\mathrm{o}} \qquad (2\text{-}11)$$

式中　r_{i}——内壁半径，mm；

　　　r_{o}——外壁半径，mm；

　　　r——计算应力点的半径，mm；

　　　σ_{VME}——von Mises 应力，Pa；

　　　σ_z——第一主应力，Pa；

σ_θ——第二主应力，Pa；

σ_τ——第三主应力，Pa；

p_i，p_o——液缸内部、外部压力，Pa。

根据上述公式的计算结果，与选用液缸的临界屈服强度比值即为传送杆在该工况下的安全系数，要求大于 2.5。

（五）防喷管强度校核

$$F=\pi \times （OD/2）^2 \times p \qquad （2-12）$$

式中　OD——防喷管直径，mm；

p——井筒压力，MPa；

F——内压力，N。

$$\sigma_{\text{VME}}=\frac{1}{\sqrt{2}}\Big[\big(\sigma_Z-\sigma_\theta\big)^2+\big(\sigma_\theta-\sigma_\tau\big)^2+\big(\sigma_Z-\sigma_\tau\big)^2\Big]^{\frac{1}{2}}$$

其中

$$\sigma_\tau=\frac{r_i^2+r_i^2 r_o^2/r^2}{r_o^2-r_i^2}p_i-\frac{r_o^2+r_i^2 r_o^2/r^2}{r_o^2-r_i^2}p_o$$

式中　r_i——内壁半径，mm；

r_o——外壁半径，mm；

r——计算应力点的半径，mm。

根据上述公式可计算防喷管在工况下的三轴应力，与选用防喷管的临界屈服强度比值即为该工况下的安全系数，要求大于 2.5。

四、不丢手带压换阀工艺

不丢手机械堵塞法更换井口主控阀时，进入堵塞位置的堵塞器只起堵塞作用，井筒内压力通过中心杆传递给外面的固定装置（一级锁定板或二级锁定板，固定螺杆、送入 / 取出液缸），通过一级锁定板与二级锁定板的交替作业，实现对主控阀的更换。施工时根据现场情况及需要更换主控阀安装不丢手带压换阀装置、利用送入 / 取出液缸将堵塞器送至预定堵塞位置（油管头异径法兰中孔或大四通旁通侧孔、油管挂中间通道）堵塞，启封后泄堵塞器下游压力至 0 后，锁定一级锁定板后将待更换主控阀提离原位置一定距离，采用二级锁定板锁定堵塞工具后解锁一级锁定板，取出待更换主控阀，重新装入新主控阀后锁定一级锁定板，解锁二级锁定板后安装新主控阀，验漏后取出堵塞工具，完成带压换阀工作。其中 1 号阀至 4 号阀是采油树中关键部件，用于保障油气井安全生产。

（一）不丢手带压更换井口 1 号阀

针对 1 号阀隐患，如阀板内漏、阀杆处外漏等隐患，均可采用不丢手机械堵塞工艺带压更换 1 号阀，消除安全隐患（图 2-1）。在原 1 号阀上安装控制阀（若 4 号阀完好，则可用 4 号阀作为控制阀），不丢手带压换阀工具的堵塞器坐封位置为盖板法兰中孔，待堵塞器坐封完成后，若能泄堵塞器下游压力至 0，则可拆除原 1 号阀，送入并安装新 1 号阀，解封堵塞器并取出传送杆，恢复原井采气树。

（二）不丢手带压更换盖板法兰

针对井内管柱为油管挂悬挂方式的井，可通过不丢手带压换阀的方式进行对盖板法兰的更换（图 2-2），用于解决盖板法兰与大四通法兰连接处泄漏隐患。若 1 号阀完好，则可直接在 1 号阀上安装不丢手带压换阀工具，否则用 4 号阀作为控制阀或新装控制阀。不丢手带压换阀工具的堵塞器坐封位置为油管挂内孔，待堵塞器坐封完成后，若能泄堵塞器下游压力至 0，则可拆除原盖板法兰，送入并安装新盖板法兰，解封堵塞器并取出传送杆，恢复原井采气树。

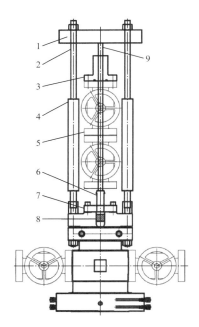

图 2-1　带压更换井口 1 号阀工具安装结构示意图
1—外侧锁定装置；2—连接螺杆；3—防喷管；
4—送进液缸；5—控制阀；6—堵塞工具；
7—内侧锁定装置；8—密封胶筒；9—传送杆

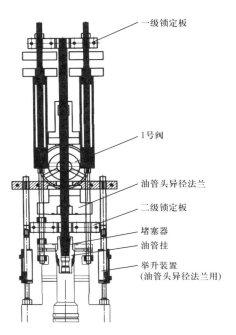

图 2-2　带压更换盖板法兰工作状态示意图

（三）不丢手带压更换井口 2 号和 3 号阀

针对 2 号阀（或 3 号阀）隐患，如阀板内漏、阀杆处外漏等隐患，均可采用不丢手机械堵塞工艺带压更换 2 号阀（或 3 号阀），消除安全隐患（图 2-3）。在井口 5 号阀（或 6 号阀）上安装不丢手带压换阀工具，或新安装控制阀。不丢手带压换阀工具的堵塞器坐封位置为盖板法兰中孔，待堵塞器坐封完成后，若能泄堵塞器下游压力至 0，则可拆除原 2

号阀（或 3 号阀），送入并安装新 2 号阀（或 3 号阀），解封堵塞器并取出传送杆，恢复原井采气树。

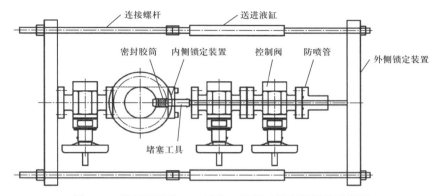

图 2-3　带压更换井口 2 号和 3 号阀工具安装结构示意图

第三节　不丢手带压换阀典型案例

一、常规带压更换井口主控阀作业——以 M160 井为例

（一）M160 井简况及井口隐患情况

M160 井目前关井油压为 34.0MPa，套压为 34.0MPa，该井天然气中硫化氢含量为 1.948g/m³。该井井口装置为 KQ65-70，1 号和 4 号阀轻微内漏（图 2-4），2005 年 9 月井下压力计测得最高地层压力为 68.46MPa（3153.4m 处）。

图 2-4　M160 井井口装置隐患照片

（二）方案制订及工具关键参数选择

1. 井口整改施工方案

目前井口1号和4号阀轻微内漏，符合带压换阀相关要求，本次作业带压更换1号和4号阀，解决隐患问题。

2. 井口整改作业工具相关技术参数要求

M160井天然气中硫化氢含量为1.948g/m³，属于低含硫气井，本次井口整改选用的工具须适用于含硫工作环境。

（1）堵塞器：本次作业应选配承压70MPa，适用于该井含硫化氢天然气工作环境的堵塞器，堵塞器胶筒应满足在通径65mm的通道内可进行有效坐封/解封。

（2）传送杆：传送杆长度应大于1只闸阀+小四通的高度，用于不丢手带压拆除小四通及以上部件（该工况为本次井口整改作业传送杆最大行程）。

（3）防喷管：本次井口整改作业应选用承压70MPa的防喷管。

（4）强度校核：根据本井工况，对选用的不丢手带压换阀工具主要受力部件（传送杆、支撑螺杆、液缸、防喷管）进行强度校核，安全系数不小于2.5。

（三）井口整改作业主要施工步骤

1. 步骤1——施工准备

利用原生产流程开井泄压，尽量降低井口压力。拆除妨碍施工的井口辅助设备及管线，确保本次井口整改作业顺利进行。

2. 步骤2——带压更换1号和4号阀

（1）带压拆除小四通及以上部件、安装控制阀。

① 关闭7号阀，泄7号阀下游压力至0，拆除7号阀以上部件，在7号阀上安装不丢手带压换阀工具，并验漏合格，确保不丢手带压换阀工具与7号阀之间密封严密。

② 对堵塞器胶筒坐封位置进行清洁后，将堵塞器胶筒送至4号阀上阀腔坐封，泄堵塞器胶筒下游压力至0，观察30min，若堵塞器胶筒下游压力无变化，则进入下一步骤。

③ 带压拆除小四通及以上所有部件，期间采用机械锁定工具与不丢手带压换阀工具液压锁定装置相配合交替对传送杆进行锁定，时刻保持堵塞器处于受控状态。

④ 送入控制阀及新密封钢圈，安装并对控制阀与4号阀之间的法兰连接验漏合格。

（2）带压更换4号阀。

① 在控制阀上安装不丢手带压换阀工具，并进行验漏合格，保证不丢手带压换阀工具与控制阀之间密封严密，合格后执行下一步骤。

② 对堵塞器胶筒坐封位置进行清洁后，将堵塞器胶筒送至1号阀上阀腔坐封，泄堵塞器胶筒下游压力至0，观察30min，若堵塞器胶筒下游压力无变化，则进入下一步骤。

③ 带压拆除控制阀及原井4号阀，期间采用机械锁定工具与不丢手带压换阀工具液压锁定装置相配合交替对传送杆进行锁定，时刻保持堵塞器处于受控状态。

④ 送入新 4 号阀及新钢圈，安装并对 4 号阀与 1 号阀之间的法兰连接验漏合格。

⑤ 堵塞器胶筒解封后，移动至 4 号阀阀板外；关闭 4 号阀，泄阀板下游压力至 0。

（3）带压更换 1 号阀。

① 在新 4 号阀上安装不丢手带压换阀工具，并验漏合格（试压 40MPa，稳压 30min，压降不超过 0.7MPa 为合格），确保不丢手带压换阀工具、新 4 号阀及 1 号阀相互之间密封严密。

② 对堵塞器胶筒坐封位置进行刮管后，将堵塞器胶筒送至异径法兰中孔坐封，泄堵塞器胶筒下游压力至 0，观察 30min，若堵塞器胶筒下游压力无变化，则进入下一步骤。

③ 带压拆除新 4 号阀及原井 1 号阀，期间采用机械锁定工具与不丢手带压换阀工具液压锁定装置相配合交替对传送杆进行锁定，时刻保持堵塞器处于受控状态。

④ 送入新 1 号阀及新钢圈，安装并对 1 号阀与异径法兰之间的法兰连接验漏（试压 40MPa，稳压 30min，压降不超过 0.7MPa 为合格）。

⑤ 堵塞器胶筒解封后，移动至 1 号阀阀板外；关闭 1 号阀，泄阀板下游压力至 0。

3. 步骤 3——恢复井口装置

恢复原井口装置并进行保养，对新装井口装置试压 40MPa，稳压 30min，压降不超过 0.7MPa 为合格。

二、高压井带压更换井口主控阀作业——以 MX009-X6 井为例

（一）MX009-X6 井简况及井口隐患情况

MX009-X6 井构造位置位于四川盆地磨溪构造西高点高部位，2014 年 3 月 17 日开钻，7 月 9 日完钻，完钻井深 5200m，完钻层位龙王庙组，射孔完井。该井井口装置为 WOM78-70 型 HH 级（套管阀门为 PFF65-70），近期未实测地层压力，2018 年 6 月 20 日测得地层压力为 53.77MPa，直线距离 4.3km 的邻井 MX009-X2 井 2020 年 6 月 27 日测得地层静压为 43.61MPa。2020 年 4 月 27 日测得天然气中硫化氢含量为 7.92g/m³。

（二）方案制订及工具关键参数选择

该井井口装置为 WOM78-70 型 HH 级（套管阀门为 PFF65-70），关井最高油压为 35.87MPa，最高套压为 8.62MPa，本次作业采用不丢手带压更换主控阀工艺将原井口装置 1 号、2 号和 3 号阀更换为新的 70MPa、HH 级闸阀，将其余各闸阀 4130 材质的 T 形螺母更换为 718 材质的 T 形螺母，恢复井口装置并进行检查及注脂保养，消除隐患。

（三）井口整改作业工具相关技术参数要求

该井天然气中硫化氢含量为 7.92g/m³，硫化氢分压为 0.189MPa，不丢手带压换阀工具与井内流体接触部分的材质要求满足该井含硫工况下作业条件，根据该井井况，不丢手带压换阀工具的技术参数应满足以下要求：

（1）堵塞器。本次井口整改作业应准备两种型号堵塞器，承压 70MPa，分别可在 78mm 和 53.8mm 通道内进行有效坐封 / 解封，作业前再次确认各待堵塞通道通径。

（2）传送杆。传送杆长度应大于2只闸阀的高度，以满足本次井口整改作业传送杆最大行程要求。

（3）防喷管。本次井口整改作业应选用承压70MPa的防喷管。

（4）强度校核。根据该井工况，对选用的不丢手带压换阀工具主要受力部件（传送杆、支撑螺杆、液缸、防喷管）进行强度校核，安全系数不小于2.5。

（四）井口整改作业主要施工步骤

1. 施工准备

（1）视情况整改方井、拆除妨碍施工的井口设备及管线，确保本次井口整改作业安全顺利施工。

（2）关闭井下安全阀，泄井下安全阀下游压力，观察泄压情况和安全阀关闭情况。

2. 带压更换1号和4号阀（采用适用于78mm通道的堵塞器）

（1）关1号阀，泄1号阀下游压力至0，确认安全情况下，拆1号阀以上部件，在1号阀上安装新4号阀、不丢手带压换阀工具，并验漏合格，确保不丢手带压换阀工具与新4号阀相互之间密封严密。

工具安装完毕后，打开1号和4号阀进行后续步骤，若1号阀无法打开则方案另定。

（2）将不丢手堵塞器送至预计的适宜坐封位置坐封，泄堵塞器下游压力至0，按相关标准观察合格，确认堵塞器堵塞可靠、无泄漏，确保堵塞器下游压力为0，进入下一步骤。

（3）拆除原井1号阀及新4号阀，期间采用一级锁定板与二级锁定板相配合交替对传送杆进行锁定，时刻保持堵塞器处于锁定受控状态。

（4）送入新钢圈及新1号阀，安装，并对新1号阀与变径法兰之间的法兰连接验漏合格。

（5）缓慢解封堵塞器，将其移动至新1号阀阀板外；关闭新1号阀，泄阀板下游压力至0，拆除新1号阀以上所有部件。

3. 带压更换2号和5号阀（采用适用于53.8mm通道的堵塞器）

（1）关5号阀，泄5号阀下游压力至0，确认安全的情况下，拆5号阀以外部件，在5号阀上安装不丢手带压换阀工具，并验漏合格，确保不丢手带压换阀工具与5号阀相互之间密封严密。

工具安装完毕后，打开2号和5号阀进行后续步骤，若2号和5号阀无法打开则方案另定。

（2）将堵塞器送至坐封位置，泄堵塞器下游压力至0，按相关标准观察合格，确认堵塞器堵塞可靠、无泄漏，确保堵塞器下游压力为0，进入下一步骤。

（3）拆除原井2号和5号阀，期间采用一级锁定板与二级锁定板相配合交替对传送杆进行锁定，时刻保持堵塞器处于受控状态。

（4）送入新钢圈及新2号阀，安装，并对新2号阀与大四通之间的法兰连接验漏合格。

（5）缓慢解封堵塞器，将其移动至新2号阀阀板外；关闭新2号阀，泄阀板下游压力至0，拆除新2号阀以上所有部件。

4. 带压更换3号和6号阀（采用适用于53.8mm通道的堵塞器）

（1）关6号阀，泄6号阀下游压力至0，确认安全情况下，拆6号阀以外部件，在6号阀上安装不丢手带压换阀工具，并验漏合格，确保不丢手带压换阀工具与6号阀相互之间密封严密。

工具安装完毕后，打开3号和6号阀进行后续步骤，若3号和6号阀无法打开则方案另定。

（2）将堵塞器送至坐封位置，泄堵塞器下游压力至0，按相关标准观察合格，确认堵塞器堵塞可靠、无泄漏，确保堵塞器下游压力为0，进入下一步骤。

（3）拆除原井3号和6号阀，期间采用一级锁定板与二级锁定板相配合交替对传送杆进行锁定，时刻保持堵塞器处于受控状态。

（4）送入新钢圈及新3号阀，安装，并对新3号阀与大四通之间的法兰连接验漏合格。

（5）缓慢解封堵塞器，将其移动至新3号阀阀板外；关闭新3号阀，泄阀板下游压力至0，拆除新3号阀以上所有部件。

5. 恢复井口装置

（1）恢复井口装置（1号、2号和3号为新阀，其余各闸阀4130材质的T形螺母要求更换为718材质），对新连接部位试压45MPa，稳压30min，压降不超过0.7MPa为合格。

（2）恢复井口装置后应重新打开安全阀（若安全阀无法打开，则挤注清水或视情况下常开工具打开安全阀），恢复原地面流程及配套设备设施，剩余材料及工具回收到指定地点。

三、带压钻孔工艺及不丢手带压换阀工艺配合更换井口主控阀作业——以W65井为例

（一）W65井简况及井口隐患情况

W65井井口装置型号为KQ65—35（图2-5），因安装时间长，井口锈蚀较重。井口6号阀外漏，2号、3号、4号、8号和9号阀内漏，其中4号阀处于关闭状态，1号阀处于开启状态且无法关闭。该井关井油压为8.5MPa、套压为10MPa，无产层寒武系实测地层压力数据，硫化氢含量为$15.354g/m^3$。

（二）方案制订及工具关键参数选择

1. 井口整改施工方案

采用带压钻孔工艺与带压换阀工艺相配合，带压拆除小四通及以上部件、安装控制阀后，带压更换井口1号和4号阀；带压更换井口2号和3号阀后，恢复原井井口装置，更

图 2-5　W65 井井口装置照片

新其中的 6 号、8 号和 9 号阀。

2. 井口整改作业工具相关技术参数要求

本次作业的井口整改工具为不丢手带压换阀工具、带压钻孔工具，工具与井内流体接触部分要求采用抗硫材质，根据该井井况，不丢手带压换阀工具和钻孔工具的技术参数应满足以下要求。

1）不丢手带压换阀工具技术参数要求

（1）堵塞器：本次作业应选配承压能力 35MPa，堵塞器胶筒应满足在通径 65mm 的通道内可进行有效坐封 / 解封。

（2）传送杆：传送杆长度应大于 2 只 PFF65-35 平板阀，以满足本次井口整改作业传送杆最大行程要求。

（3）防喷管：本次井口整改作业应选用承压能力 35MPa 的防喷管。

（4）强度校核：根据该井工况，对选用的不丢手带压换阀工具主要受力部件（传送杆、支撑螺杆、液缸、防喷管）进行强度校核，安全系数不小于 2.5。

2）带压钻孔工具技术参数要求

带压钻孔工具动密封承压能力不小于 15MPa，钻孔后形成的通道直径应不小于 64mm。

（三）井口整改作业主要施工步骤

1. 前期施工、试关闭井口 1 号阀

视情况拆除部分井口围墙、整改方井、拆除部分地面流程及设施，确保本次井口整改作业顺利进行。

2. 带压拆除小四通及以上部件、安装控制阀

（1）在 7 号阀上安装不丢手带压换阀工具，并验漏合格，确保不丢手带压换阀工具与 7 号阀之间密封严密。

（2）打开 7 号阀，将堵塞器送至预计的适宜坐封位置坐封，泄堵塞器下游压力至 0，按相关标准观察合格，确认堵塞器堵塞可靠、无泄漏，确保堵塞器下游压力为 0，进入下一步骤。

（3）带压拆除小四通及以上所有部件，期间采用内侧锁定装置与外侧锁定装置相配合交替对传送杆进行锁定，时刻保持堵塞器处于锁定受控状态。

（4）送入控制阀及新密封钢圈，安装并对控制阀与 4 号阀之间的法兰连接验漏合格。

3. 带压更换井口 4 号阀

（1）试开关井口 4 号阀，若 4 号阀无法打开，则从下一步骤开始执行；若 4 号阀能完全打开，则从步骤 3（3）开始执行。

（2）带压钻穿 4 号阀阀板。

① 在控制阀上安装带压钻孔工具，并验漏合格，确保带压钻孔工具与 4 号阀之间密封严密。

② 带压钻穿 4 号阀阀板，所钻孔径不小于 $\phi 64mm$，在钻孔过程中应随压力变化情况持续注入冷却液。

③ 关闭 4 号阀，放空控制阀下游余气后，拆除带压钻孔工具。

（3）不丢手带压更换 4 号阀。

① 在控制阀上安装不丢手带压换阀工具，并进行验漏合格，确保不丢手带压换阀工具与控制阀之间密封严密，合格后执行下一步骤。

② 打开控制阀，将堵塞器送至预计的适宜坐封位置坐封，泄堵塞器下游压力至 0，按相关标准观察合格，确认堵塞器堵塞可靠、无泄漏，确保堵塞器下游压力为 0，进入下一步骤。

③ 带压拆除控制阀及原井 4 号阀，期间采用内侧锁定装置与外侧锁定装置相配合交替对传送杆进行锁定，时刻保持堵塞器处于锁定受控状态。

④ 送入新 4 号阀及新钢圈，安装并对新 4 号阀与 1 号阀之间的法兰连接验漏合格。

⑤ 上提传送杆使堵塞器位于 4 号阀阀板上方后，关闭 4 号阀，泄阀板下游压力至 0。

4. 带压更换井口 1 号阀

（1）在 4 号阀上安装不丢手带压换阀工具，并验漏合格，确保不丢手带压换阀工具及 4 号阀之间密封严密。

（2）打开 4 号阀，将堵塞器送至预计的适宜坐封位置坐封，泄堵塞器下游压力至 0，按相关标准观察合格，确认堵塞器堵塞可靠、无泄漏，确保堵塞器下游压力为 0，进入下一步骤。

（3）带压拆除 4 号阀及 1 号阀，期间采用内侧锁定装置与外侧锁定装置相配合交替对

传送杆进行锁定，时刻保持堵塞器处于锁定受控状态。

（4）送入新1号阀及新钢圈，安装并对1号阀与变径法兰之间的法兰连接验漏合格。

（5）上提传送杆使堵塞器位于1号阀阀板上方后，关闭1号阀，泄阀板下游压力至0。

5. 带压更换井口2号阀

（1）在5号阀上安装不丢手带压换阀工具，并验漏合格，确保不丢手带压换阀工具及5号阀之间密封严密。

（2）打开5号阀，将堵塞器送至预计的适宜坐封位置坐封，泄堵塞器下游压力至0，按相关标准观察合格，确认堵塞器堵塞可靠、无泄漏，确保堵塞器下游压力为0，进入下一步骤。

（3）带压拆除5号阀及2号阀，期间采用内侧锁定装置与外侧锁定装置相配合交替对传送杆进行锁定，时刻保持堵塞器处于锁定受控状态。

（4）送入新2号阀及新钢圈，安装并对2号阀与大四通之间的法兰连接验漏合格。

（5）上提传送杆使堵塞器位于2号阀阀板上方后，关闭2号阀，泄阀板下游压力至0。

6. 带压更换井口3号阀

（1）在6号阀上安装不丢手带压换阀工具，并验漏合格，确保不丢手带压换阀工具及6号阀之间密封严密。

（2）打开6号阀，将堵塞器送至预计的适宜坐封位置坐封，泄堵塞器下游压力至0，按相关标准观察合格，确认堵塞器堵塞可靠、无泄漏，确保堵塞器下游压力为0，进入下一步骤。

（3）带压拆除6号阀及3号阀，期间采用内侧锁定装置与外侧锁定装置相配合交替对传送杆进行锁定，时刻保持堵塞器处于锁定受控状态。

（4）送入新3号阀及新钢圈，安装并对3号阀与大四通之间的法兰连接验漏合格。

（5）上提传送杆使堵塞器位于3号阀阀板上方后，关闭3号阀，泄阀板下游压力至0。

7. 恢复井口装置（更换带病闸阀），恢复原地面流程、配套设施，恢复方井及井口围墙

（1）将原采气树中4号、6号、8号和9号阀更换为新PFF65-35平板阀后，恢复原井采气树；在2号和3号阀外分别安装原井5号阀及PFF65-35平板阀。

（2）对该井井口装置各闸阀进行注脂保养后，对井口装置试压合格。

（3）恢复原地面生产流程及配套设施，恢复方井及井口围墙。

第三章

特殊工况井口整改技术

井口安全隐患主要包括窜、漏、锈蚀及井口装置不完善等。井口装置的可能泄漏点较多，如阀门密封圈、法兰、阀体与前后阀盖连接处和注脂孔等。无论是生产井还是报废井，井口装置是井完整性的重要屏障。

特殊工况下，井口整改技术是指对那些破坏严重、极度腐蚀、磨损甚至失效的井口装置所进行的整改技术措施。因为这类井口装置腐蚀磨损严重，通常情况下井口无法正常拆卸、阀门无法正常打开或者无井口装置，此时常规的井口装置整改技术无法实施，需要采用特殊井口整改技术实施整改，包括带压钻孔技术、井口堵漏技术、套管切割改造技术和井口举升技术等。

第一节　带压钻孔技术

一、带压钻孔技术原理

带压钻孔技术是利用带压钻孔装置、有效密封和放喷流程，在压力管路或承压闸阀上实施带压开孔，为后期作业（如放喷泄压、压井等）的开展提供有利条件。带压钻孔用可以钻开那些因腐蚀、磨损严重而无法正常打开的阀门以形成通道，便于整改采气井口装置，也可以在高压管路开孔。

带压钻孔作业时，将密封装置和钻头连接到待钻位置，用液压装置边钻边将钻头往下送进，在压力管路或阀门上带压钻孔，钻通孔眼后，从泄压管线处放掉井内余气[5]。

带压钻孔工具的主要部件为操作装置、驱动装置、钻头和动密封等，带压钻孔工具示意图如图 3-1 所示。

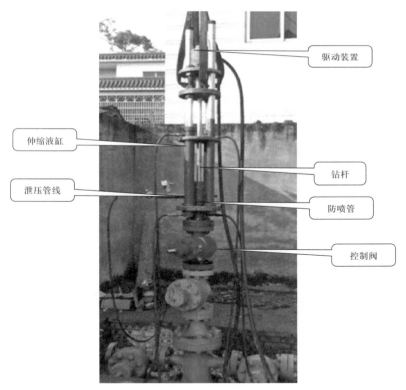

图 3-1　带压钻孔装置图

二、带压钻孔技术适用范围

带压钻孔技术的主要应用范围包括带压钻平板阀、带压钻套管、带压钻盲板和带压钻井口桥塞等。

（一）带压钻平板阀

井口采气树闸阀因锈蚀、损坏等原因无法正常打开，泄压压井作业前，需带压钻孔，钻穿后的阀板（图3-2），其孔径大小与阀门全开时通径相同。

图3-2　钻穿后的平板阀阀板

（二）带压钻套管

带压钻套管（图3-3）主要用于报废井封堵作业中，为了建立压井循环通道或泄除套管环空压力，需对套管进行带压钻孔作业。在作业前，需要对套管待钻孔位置打磨至光滑平整，随后在待钻套管处安装密封部件并用抱箍夹紧。

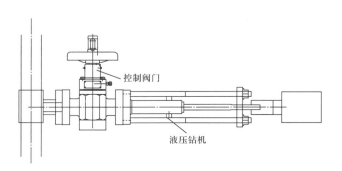

控制阀门

液压钻机

图3-3　带压钻套管

（三）带压钻盲板

一些无井口装置的报废井，只用一盲板法兰封闭井口，且井口无泄压通道，井内可能存在憋压情况。井口泄漏时，井内流体溢出造成环境污染、存在安全隐患。针对该类工况采取的措施：先带压钻盲板（图3-4）后泄压，待压力降为0后，采用液压切割技术切除套管端部，拆除盲板法兰，对套管端口进行攻丝造螺纹，再完善井口装置，从而达到消除安全隐患的目的。

（四）带压钻井口桥塞

20世纪90年代，川中油气矿一些无井口装置的报废井，有油气泄漏现象。为解决此类安全隐患，针对性设计了一种机械式桥塞，安装在井口以下1.8m左右的深度，防止油气上窜。其基本结构如图3-5所示。

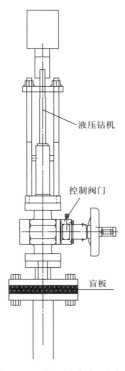

图3-4 带压钻盲板示意图

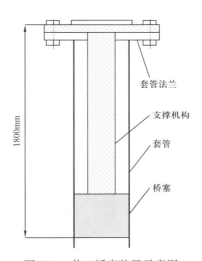

图3-5 井口桥塞装置示意图

通过带压钻孔技术，建立井筒泄压通道。起出桥塞，便于下步井筒开展封堵工作。钻穿后的井口桥塞如图3-6所示。

图3-6 钻穿后的井口桥塞

第二节 井口带压堵漏技术

一、带压堵漏技术原理

带压堵漏技术是在井口有压力的情况下，利用合适的堵漏材料或密封部件，在泄漏位置建立一个封闭空间，达到阻止井筒流体外泄的目的。

带压堵漏作业时，通过现场测量泄漏部位的外形尺寸、漏点间隙，分析泄漏原因，采用堵漏剂和密封部件相结合的方式，让密封剂填满泄漏空间，并在短时间内形成有一定承压能力的密封结构，从而使井筒内流体不再渗出[7]。

二、带压堵漏技术适用范围

带压堵漏技术（图3-7）被称为万能技术，使用范围较广，可用于任何泄漏部位。若泄漏位置有注脂空间（如大四通法兰连接处、套管悬挂器环空等），则采用先挤注堵漏剂，再加装密封部件；若泄漏位置无注脂空间（如升高短节、套管头与套管螺纹连接处等），则采用先加装密封部件，再挤注堵漏剂。

图3-7 挤注装置将堵漏剂挤入泄漏环空

（一）堵漏工具

堵漏工具主要包括动力设备、挤注设备、试压设备等（图3-8）。

（二）堵漏剂

目前使用的堵漏剂分为固态和液态两种[7]。

1.固态堵漏剂

通过挤注枪将堵漏剂挤入缝隙，让泄漏环空充满固态堵漏剂，从而防止介质泄漏，该

(a) 动力设备

(b) 挤注设备

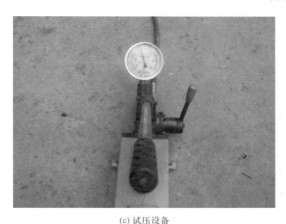
(c) 试压设备

图 3-8 堵漏工具

堵漏剂能够抵抗高浓度硫化氢的腐蚀，承压性能相对固态堵漏剂更好。

2. 液态堵漏剂

该堵漏剂为常温固化型，固化速度快，粘接强度高，流动性好，操作简单，固化后表面平整、光亮、无气泡。通常情况下，堵漏剂在 25℃时，1～3h 初固化，18h 达到很好的粘接强度。

第三节 套管切割改造

针对井口装置残缺井（如只有套管底法兰的下法兰且损坏无法修复），无井口装置甚至套管裸露井、井口段套管腐蚀较严重的井以及封堵后需要降低井口的井等，需采用套管切割改造技术进行井口整改（图 3-9 至图 3-11）。通常情况下，这类井先选取腐蚀不严重套管段进行切割，再攻丝造螺纹，加装相应的升高短节、底法兰，安装井口装置，使井口处于可控状态，从而达到消除安全隐患的目的[8]。

石油天然气井隐患治理技术

图 3-9　纵向切割套管

图 3-10　液压平整套管端口

图 3-11　套管攻丝造螺纹

54

第四节　井口举升技术

在修井作业时，一类情况是因井内原因，作业机无法上提管柱，可用液压举升机将管柱上提，管柱活动后再用作业机继续作业；另一类情况是一些老式井口需完善井口时，因道路条件的限制，作业机无法到达井场，可用液压举升装置（图3-12）将旧井口更换成新井口，达到完善井口的目的[9]。

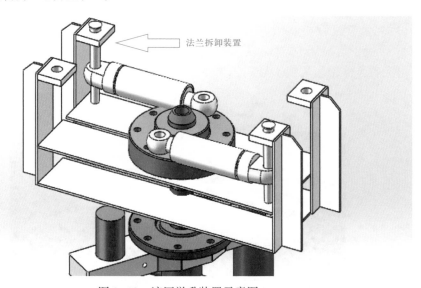

法兰拆卸装置

图3-12　液压举升装置示意图

液压举升装置按照结构功能作用，分为以下几个部分：（1）动力部分。液压动力源通过附件和液压管线泵输高压液压油，为整个装置提供动力。（2）液压举升部分。由液压缸带动游动卡瓦和游动梁的上下往复运动实现举升功能。（3）控制部分。根据不同修井作业状态，通过控制液压油的储存和释放来控制提升力的大小，控制上提、下放的速度。（4）井控设备部分。包括旋转循环头、水龙带、钻井泵和防喷器组。

液压举升装置与常规修井机相比，传动和提升系统更为简单，省去了天车、游车，采用液压传动系统为绞车提供举升力，具有良好的制动性能，能减少对刹车部件的保养和维护，同时具有以下特点：

（1）使用液压力驱动，能平稳提升，可调节拉力；

（2）无井架，液压缸只承受压力，不受弯矩作用，因而整体结构较小；

（3）游动卡瓦和固定卡瓦采用的是开口结构，分别置于上下梁内，结构紧凑，便于现场安装；

（4）利用液压缸的上下往复运动上提、下放管柱，其行程是固定的，具有安全性；

（5）液压控制站与主机分离，便于海上移动、搬运和安装；

（6）配有井口专用的底座，方便连接井口。

第五节　特殊工况井口整改典型案例

一、带压钻孔技术整改特殊井口施工案例

（一）W7井1号主控阀带压钻孔后更换

W7井于1965年12月完钻，该井硫化氢含量为111.822g/m³，井口装置为CQ250（图3-13），生产过程中发现井口1号阀阀芯掉落，只能通过套管生产，由于该井为高含硫井，为保护套管及应对突发状况，需进行井口整改，先带压钻穿井口1号阀阀板（图3-14）后，再带压更换1号阀，消除了井口安全隐患。

图3-13　W7井原井井口装置

（a）W7井带压钻孔施工图

（b）W7井完井井口

图3-14　W7井井口整改照片

（二）L201 井复杂井口装置带压钻孔、压井后更换采气树

L201 井于 1965 年 10 月因钻进过程中强烈井喷而强行完钻，因此井口装置较为复杂，在苏式钻井防喷器上方安装四通（两端为盲板封闭）、变径法兰、苏式 250 采气树（图 3-15）。1991 年 11 月至 2003 年 5 月进行不定期开井生产，随后长期关井。目前四通与封井器之间法兰连接处存在天然气外漏隐患。

该井因完井年代久远，采气树各阀门均无法开关，因此选择在大四通处安装带压钻孔装置，带压钻穿盲板、泄压、压井，确保井内安全平稳后整体拆除封井器上部井口，安装新采气树（图 3-16）。该井施工重点为在盲板上加工钢圈槽，随后安装变径法 + 带压钻孔装置，确保连接处密封严密，避免带压钻孔过程中高压流体泄漏带来的安全风险。

图 3-15　L201 井原井井口装置　　　　　图 3-16　L201 井带压钻孔施工图

（三）Y35 井井复杂井口装置带压钻孔、压井后更换采气树

Y35 井于 1967 年 3 月完钻，因产气量小未投产，长期关井。该井井口装置为简易井口，仅有一只平板阀（处于打开状态），上部为安装堵头的盖板法兰，无取压装置（图 3-17）。井口平板阀密封失效外漏天然气，同时闸阀螺杆断裂无法开关，闸阀上端盖板法兰连接处有油气外漏情况，存在安全环保隐患。

该井隐患整改方案为带压钻穿平板阀，泄压、压井后更换新平板阀确保井口安全可控。该井作业难点为井口无法直接安装带压钻孔装置，需要加工特殊工装。根据井口特点，在井口顶部法兰盘上置放橡胶密封材料包裹堵头，再安装特殊法兰压实橡胶密封材料，最后在特殊法兰上安装带压钻孔工具。安装完毕试压合格后，带压钻穿平板阀上方带堵头盖板，泄压、压井后重新安装新平板阀，消除井口安全隐患（图 3-18）。

图 3-17　Y35 井原井井口装置

图 3-18　Y35 井带压钻孔施工图

二、带压堵漏典型施工案例

（一）带压堵漏工艺治理大四通下法兰泄漏隐患

M6 井于 2003 年 1 月完钻，9 月投产，生产至 2005 年 12 月因产量低关井，关井套压为 15MPa、油压为 15MPa。该井井口装置型号为 KQ65-35（图 3-19），2019 年发现井口大四通下法兰连接处漏气，存在安全隐患。本次作业需对存在泄漏的大四通下法兰连接处注堵漏剂，加装抱箍，并在抱箍上安装泄压旋塞阀及引流管线（图 3-20）。

图 3-19　M6 井原井井口装置

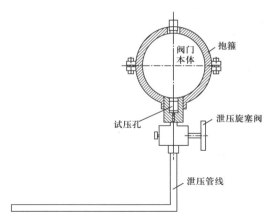

图 3-20 抱箍加工示意图　　　　　图 3-21 J88 井原井井口装置

（二）带压堵漏工艺治理井口升高短节螺纹连接泄漏隐患

1983 年 2 月 J88 井完钻，长期关井，生产至 2008 年 11 月关井，关井套压为 0.5MPa、油压为 0.5MPa。该井井口装置型号为 KQ350（图 3-21），2019 年发现套管升高短节螺纹连接处渗漏天然气，存在安全隐患。本次作业需对套管升高短节螺纹连接处的外漏位置加装抱箍，注堵漏剂，进行带压堵漏（图 3-22 和图 3-23）。

图 3-22 J88 井套管升高短节螺纹泄漏情况　　图 3-23 J88 井套管升高短节螺纹泄漏位置加装抱箍

三、套管切割改造典型施工案例

（一）C5005 井无井口装置废弃井施工案例

C5005 井于 1960 年 3 月完钻，10 月投产，生产至 1987 年 12 月关井。该井无井口装置，井口为法兰盘，井筒内填埋，井下压力不详，存在安全隐患（图 3-24）。本次作业前先开挖方井，暴露井口段套管，选择腐蚀不严重的表层套管段切割，平整套管后按 API 标准攻丝造螺纹，加装底法兰及简易井口装置完井（图 3-25 和图 3-26）。

图 3-24 C5005 井原井井口装置

图 3-25 C5005 井套管切割图

图 3-26 C5005 井完井井口装置

（二）H46 井无井口装置废弃井施工案例

1960 年 7 月 H46 井完钻，试油后未投产，该井无井口装置，仅在套管顶部焊接铁皮简易封闭，目前焊接部位有少量气体冒出，存在安全隐患（图 3-27）。本次作业前先开挖方井，暴露井口段套管，带压钻孔泄压，选择不严重的表层套管段切割，平整套管后按 API 标准攻丝造螺纹，加装底法兰及简易井口装置完井（图 3-28 至图 3-30）。

图 3-27　H46 井原井无井口装置

图 3-28　H46 井套管切割示意图

图 3-29　H46 井套管攻丝造扣后示意图

图 3-30　H46 井完井井口示意图

（三）C57 井无井口装置废弃井施工案例

C57 井于 1959 年 10 月完钻，试油后未投产，1963 年 3 月封闭，封闭方式不详，封闭后该井无井口装置，仅有套管露头，由于井口有泄漏，存在安全隐患（图 3-31）。本次作业前先开挖方井，暴露井口段套管，选择腐蚀不严重的表层套管段切割，平整套管后按 API 标准攻丝造螺纹，加装底法兰及简易井口装置完井（图 3-32）。

图 3-31 C57 井原井井口

图 3-32 C57 井完井井口

四、井口举升实例

X11 井于 1973 年 4 月完钻，试油后一直未投产，该井井口装置不完整且被破坏，套管头上仅有一个大四通和盖板，左右翼管线被人为损坏敞空，原井油管悬挂在盖板上，微漏天然气，无井口控制阀门，目前已报废，存在安全隐患（图 3-33）。

图 3-33 X11 井原井井口

该井永久性封堵前需进行井口整改，由于作业场地受限，作业机无法到达现场，则采用液压举升机完成井口整改。先利用液压举升装置，向上举升四通及原井油管，再安装法兰拆卸装置，固定井下管柱，拆除原井大四通，最后安装新四通，完善井口装置（图 3-34 和图 3-35）。

图 3-34 X11 井液压举升施工图

图 3-35 X11 井完井井口示意图

第四章

环空带压处理技术

随着石油天然气勘探开发工作不断深入，大量油气井在开发过程中相继出现持续环空带压现象。持续环空带压或井口窜气问题会严重影响气井的产量，降低采收率，对油气田开发后续作业如酸化压裂和分层开采等造成不利影响，同时增加油气井压力监测与井口放压的成本，严重时需要关井，甚至导致整口井或整个井组报废。

从安全的角度考虑，需通过关井或修井来解决该问题，所造成的关井停产损失或修井费用相当巨大。随着油气井的油管外环空或套管外持续环空带压压力引起的问题日益严重，研究油气井持续环空带压现状，了解油气井持续环空带压机理，安全评价及治理持续环空带压迫在眉睫，这也是指导油气井安全生产的关键所在[11]。

第一节　油气井环空带压的概念及来源

环空带压通常是指气井环空压力在泄压后短时间内又恢复到泄压前压力水平的现象[10]。这些气井在生产过程中，井下气体通过窜流不断在井口环空聚集，不仅造成环空憋压，而且部分气井天然气中含有的二氧化碳和二氧化硫等腐蚀性气体会腐蚀管柱，削弱管柱强度，对气井井筒的完整性产生直接威胁，影响气井的安全生产。此外，环空带压还会对气井的酸化、压裂等后续作业造成不利影响。环空带压不明显时，压力监测和泄压作业会增加生产成本；严重时会导致关井甚至整口井的报废。

根据环空所处位置不同，可以将环空由内到外依次表示为 A 环空、B 环空、C 环空等。A 环空表示油管和生产套管之间的环空，B 环空表示生产套管和与之相邻的上一层套管之间的环空。依此类推，按字母顺序依次表示每层套管和与之相邻的上一层套管之间的环空（图 4-1）。

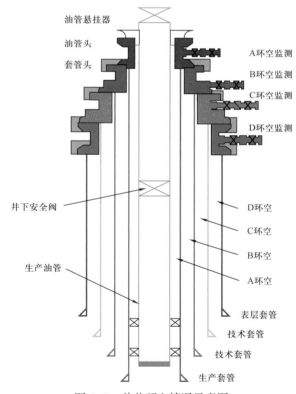

图 4-1　单井环空情况示意图

气井环空带压主要原因：一是由于各种人为原因（包括气举、热采管理、监测环空压力或其他目的）导致的环空带压；二是套管环空温度变化以及鼓胀效应导致流体和膨胀管柱变形造成环空带压；三是由于环空存在气体窜流导致环空带压；四是，油套管柱失效尤其是螺纹连接和封隔器密封失效导致气体窜流形成环空带压。作业施加的环空力和受温度变化使环空流体膨胀引起的环空压力在井口泄压后可以消除，油套管串失效被诊断出后也可通过更换管柱消除，但气窜引起的环空压力在井口泄压后可能继续存在，具有永久性[11]。

一、环空带压路径分析

以图4-2的井身结构为例，若井下油套管柱、安全阀、封隔器及固井水泥环出现密封失效，通常会导致地层流体进入各个环空，引起环空带压的发生。A环空里面填充有环空保护液，在环空保护液上部通常会形成一段气体柱。而当水泥环出现微裂缝或微缝隙时，地层气体会沿水泥环向上窜流，引起B环空和C环空出现环空带压。

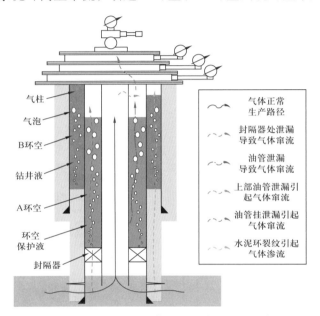

图4-2　气井各环空气体可能的渗流路径示意图

（一）A环空带压潜在泄漏路径分析

不同的环空带压原因也不同，图4-3所示为A环空带压潜在的泄漏路径。A环空带压可能是由于井下油管串的接头发生泄漏，井下油管串腐蚀穿孔，井下安全阀和控制管线等井下组件失效而发生泄漏，油管封隔器密封失效，尾管悬挂器密封失效，油管挂密封失效，采油树密封失效、腐蚀穿孔、接头泄漏，生产尾管顶部完整性失效等而引起的。

（二）B环空和C环空带压潜在泄漏路径分析

对于B环空和C环空等其他环空，可能的带压路径（图4-4）包括：内外环空水泥环发生气窜，生产套管螺纹密封失效或套管管体腐蚀穿孔，固井质量欠佳或水泥环遭到破坏导致环空气窜，内外套管柱密封失效和套管头密封失效等。

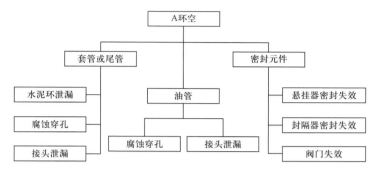

图 4-3 A 环空带压潜在泄漏路径

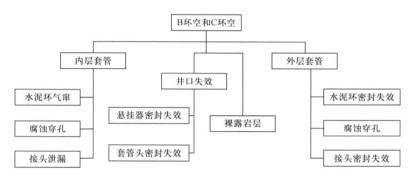

图 4-4 B 环空和 C 环空带压潜在泄漏路径

二、国外环空异常压力情况

（一）墨西哥湾地区气井环空带压情况

在墨西哥湾的 OCS 地区，大约有 15500 口生产井、关闭井及临时废弃井。美国矿物管理服务机构（MMS）对该地区井进行了统计，有 6692 口井（约占总井数的 43%）至少有一层套管环空带压。在这些环空带压的井中，共有 10153 层套管环空带压，其中 47.1% 属于生产套管带压，16.3% 属于技术套管带压，26.2% 属于表层套管带压，10.4% 属于导管带压。该地区大部分井下入多层套管柱，从而使判定环空带压的原因与采取有针对性的补救措施困难，每口井补救费用高达 100 万美元[12]。

（二）加拿大天然气井或油井环空带压情况

在加拿大，环空带压存在于不同类型的井中。南阿尔伯达的浅层气井、东阿尔伯达的重油井和洛基山麓的深层气井，都不同程度存在环空带压问题。在加拿大，环空带压问题绝大多数是由于环空封固质量不好，天然气窜至井口造成的，有时候原油或盐水也能沿窜流通道窜出地面[13]。

三、国内环空异常压力情况

环空压力异常是一个世界性难题，近年来国内尽管做了许多工作，但是目前国内深层气井固井质量普遍较差，固井后环空带压问题突出，给以后的安全生产带来了巨大隐患。大庆庆深气田相继出现升深 8 井、徐深 10 井、徐深 901 井、徐深 606 井和达深斜 5 井环空带压。塔里木克拉气田有 11 口井环空带压，克拉 2-10 井 ϕ250.8mm 技术套管固井施工达到设计要求，但投产后套压达到 53.8MPa（7800psi）[14]。

川渝地区气井环空带压情况也较为常见，如龙 1 井、龙 2 井和龙 3 井的 ϕ244.5mm 和 ϕ177.8mm 技术套管环空带压。其中很多井出现环空带压值较高的情况，如龙岗 3 井试油时发现 ϕ244.5mm 和 ϕ177.8mm 环空间压力达到 18MPa，经管线接出井场，泄压点火燃烧。川东北矿区的龙会 006-H3 井，B 环空和 C 环空均带压，其中 B 环空压力为 26MPa，C 环空带压 1MPa，经过气质分析，B 环空硫化氢含量为 1.8mg/m³。

针对上述问题，下面分别阐述现有的环空带压治理技术，以应对环空带压造成的井完整性破坏。

第二节　套管段铣扩眼技术

套管段铣扩眼技术是在定向钻井技术基础上发展起来的一项新的针对 B 环空带压处理的一项工艺技术，套管段铣是指采用套管段铣工具将套管从预计位置截断，然后将套管磨铣一节。扩眼是指采用扩眼工具（或将段铣工具更换为针对刮削固井水泥环刀片）在套管段铣完毕后，对该段套管外水泥环进行刮削将其剥离，并要求剥离一定厚度水泥环外的岩层[16]。段铣、扩眼作业完毕后，注入水泥浆（高性能水泥浆或堵剂）封闭该井段，使水泥浆于岩层粘合，形成一个完整屏障，阻断 B 环空的流体上移窜出井筒。随着这项技术的发展，针对套管外有固井水泥环井的环空带压处理实现了革命性的飞跃[17]。

一、段铣工具结构、工作原理及特点

段铣工具是将井下套管磨铣掉一段的工具，生产段铣工具的厂家很多，但结构大致相似，都是由接头、弹簧、密封圈、刀臂总成、喷嘴、扶正块、挡圈、活塞、工作筒、销钉、中心管和本体等组成。工作原理为在循环过程中，钻井液作用于工具喷嘴上的压力降的推力推动活塞移动，随之使活塞上的推盘（或凸轮）推动刀臂张开。停泵后，活塞回位，刀臂收缩[18]。

（一）川渝地区常用段铣工具

目前川渝地区常用的段铣工具为 TDX 系列段铣工具（图 4-5），该系列工具是既能对套管进行切割、开窗，同时也可沿窗口进行段铣。段铣工具随钻具组合下入套管内对指定位置套管进行切割开窗；窗口形成后，缓慢下放钻具加压，6 个刀片骑在套管上，在钻压和扭转力的作用下，以回转的方式铣削套管，铁屑由循环的钻井液携带到地面上[19]。

（二）大港油田常用段铣工具结构

TGX 系列套管割铣工具由上接头、调压总成、活塞总成、弹簧、本体、刀片总成、限位扶正套和下扶正短节等部件组成。其结构参数及割铣套管规格见表 4-2。

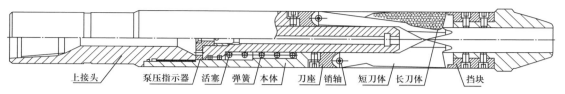

上接头　泵压指示器　活塞　弹簧　本体　刀座　销轴　短刀体　长刀体　挡块

图 4-5　TDX 段铣工具示意图

表 4-1　DXG 系列段铣工具参数

型号	工具本体外径 / mm	刀片张开最大直径 / mm	工具长度 / mm	扶正器外径 / mm	适用套管（API）		
					外径 / mm	壁厚 / mm	接箍直径 / mm
TDX140	114	170	1357	121 ± 0.5	139.7	7.72	153.67
				118 ± 0.5		9.17	
				115 ± 0.5		10.54	
TDX178	146	210	1280	157 ± 0.5	177.8	8.05	194.46
				154 ± 0.5		9.19	
				153 ± 0.5		10.36	
TDX245	210	310	1470	222 ± 0.5	244.5	8.94	269.88
				220 ± 0.5		10.03	
				218 ± 0.5		11.05	
				216 ± 0.5		11.99	

表 4-2　TGX 系列套管割铣工具主要结构参数及割铣套管规格

工具型号	螺纹型号	本体外径 / mm	刀片收拢时外径 / mm	刀片张开最大外径 / mm	工具总厂 / mm	割铣套管外径 / mm	割铣套管壁厚 / mm
TGX-9	NC50	210	210	310	1512	244.47	8.94～11.99
TGX-7	NC38	146	146	210	1313	177.8	8.05～13.72
TGX-5	NC31	114	114	170	1287	139.7	7.72～10.54

　　TGX 系列套管割铣工具接在钻杆下部，下放至切割位置，启动转盘、向钻杆内泵入钻井液，此时导流管总成的喷嘴处产生压降，推动活塞和导流管总成下行，同时压缩弹簧，导流管先推动 3 个刀片伸出切割套管。切断套管后，缓慢下放钻具加压，6 个刀片骑在套管上，在钻压和扭转力的作用下，以回转的方式铣削套管，铁屑由循环的钻井液携带到地面上[20]。

（三）段铣参数的优选

转速、钻压和钻井液排量是影响工具段铣效率的主要参数。

1. 转速的优选

段铣转速的选择，即切削速度的选择。金属切削过程，就其本质来说，是被切削金属层在刀具切削刃和前刀面的作用下，经受挤压而产生剪切滑移变形的过程，由于切屑沿前刀面流出，故有摩擦力作用于前刃面。试验表明，当切削速度小于某一数值时，切削速度越高，则摩擦系数越高；当切削速度大于上述数值时，摩擦系数随切削速度的增加而下降。

加工塑性金属时，在中速和高速下，切削力一般随着切削速度提高而减小，这主要是因为速度提高，将使切削温度提高，摩擦系数下降。因积屑瘤的影响，在低速范围内，开始切削力随着切削速度的升高而减小，达最低点后又逐渐增大，然后达最高点再度逐渐减小。

由于更换切削刀具需要起下钻，因此希望刀具的使用寿命越长越好。试验表明，刀具的耐用度，随切削速度增加而增加，达到某一数值后，随着切削速度的增加，刀具的耐用度急剧降低。切削路程长度与切削速度间也存在同样的规律，即在金属切削过程中存在一个最优切削速度，使得摩擦系数和切削力较小，刀具的耐用度较高，刀具的切削路程较长。通过试验，TGX 系列套管割铣工具的最优切削速度约为 44m/min。

2. 钻压的优选

选择与 N80 级套管性能相近的切削材料，TGX-5 型段铣工具的切削力为 21kN。虽然计算条件与切削刀具在井下的工作条件有所不同，但可以为选择钻压做参考。实际工作的钻压应稍有增大，其数值为 20～25kN。同理可以计算出 TGX-7 型和 TGX-9 型段铣工具的钻压，见表 4-3。

表 4-3　TGX 系列割铣工具段铣参数

工具类型	段铣钻压 /kN	段铣转速 /（r/min）	钻井液排量 /（L/s）
TGX-9	15～30	80～100	23～25
TGX-7	15～30	90～120	17～20
TGX-5	15～25	90～120	8～10

3. 钻井液排量的优选

在段铣过程中，及时将铁屑携带出来，是减少井下事故、提高段铣效率的有效途径。但并不是段铣时钻井液排量越大越好，因为排量过大容易把调压杆冲蚀，因此钻井液排量有一个较佳的取值。最小排量是指钻井液携带岩屑所需要的最低排量。只要确定了携带岩屑所需的最低钻井液环空返速，也就确定了最小排量。最低环空返速与岩屑举升率 K_s 有关，在工程上为了保持钻进过程中产生的岩屑量与井口返出量相平衡，一般要求 $K_s \geqslant 0.5$。其计算公式为：

$$K_s = v_s / v_a = 1 - v_{sl} / v_a \qquad (4-1)$$

$$v_{sl} = 0.0707 d_s (\rho_s - \rho_d)^{2/3} / d_d^{1/3} \eta_e^{1/3} \qquad (4-2)$$

式中　v_a——钻井液在环空的平均上返速度，m/s；

　　　　v_s——岩屑在环空的实际上返速度，m/s；

　　　　v_{sl}——岩屑在钻井液中的下滑速度，m/s；

　　　　d_s——岩屑直径，cm；

　　　　ρ_s，ρ_d——岩屑和钻井液密度，kg/L；

　　　　η_e——钻井液有效黏度，Pa·s。

由式（4-1）可知，在同样钻井液性能条件下，铁屑的下降速度为岩屑的 3.12 倍（按铁屑的平均密度 7.8kg/L，岩屑的密度 2.5kg/L 计算）。为使 K_s 达 50% 以上，就必须将段铣时钻井液排量提高到携带岩屑钻井液排量的 3.12 倍，这么大的排量肯定会冲蚀调压杆，因此，必须设法降低铁屑在钻井液中的下降速度。根据式（4-2）可知，增大 η_e 可以提高 v_s 的值，因此推荐使用正电胶钻井液体系。根据多次试验，推荐的钻井液排量见表 4-3。

二、扩眼工具结构、工作原理及使用方法

（一）扩眼工具结构

套管扩孔器（图 4-6，表 4-4）主要用于套管段铣成功后在套管以下裸眼井段内造台阶后向下扩孔，清除老旧的固井水泥环并整理井眼。使后续注固井水泥与井内裸眼紧密贴合，提高固井质量[21]。

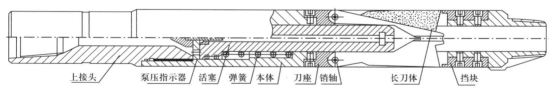

上接头　泵压指示器　活塞　弹簧　本体　刀座　销轴　　长刀体　挡块

图 4-6　TKK 型扩眼工具示意图

表 4-4　TKK 系列扩眼工具参数

型号	工具本体外径 / mm	刀片张开最大直径 / mm	工具长度 / mm	适用套管（API）		适用井眼 / mm
				外径 / mm	接箍直径 / mm	
TDX140	114	220	1357	139.7	153.67	215.9
TDX178	146	220	1280	177.8	194.46	215.9
TDX245	210	320	1470	244.5	269.88	311.2

（二）工作原理

开泵后，工具活塞在压差作用下下行，活塞下部推盘推动刀片张开；停泵后，活塞在弹簧作用下复位，刀片自动收回。

（三）使用方法

用 ϕ2mm 铁丝（单股）将工具刀片捆紧。然后将其与方钻杆连接，将下端出口下到转盘面以下开泵，排量由小到大，逐渐增加至工具使用说明书要求的切割套管所需排量。此时，捆刀片的铁丝应被断开，6 个刀片顺利张开至最大位置，记录下刀片开合前后的泵压变化值（2～2.5MPa）。然后停泵，停泵后 6 个刀片应顺利收拢。若试验情况达不到上述要求，工具不得下井。

工具下到段铣起始位置，泵液打开刀片，以 2～5tf 钻压、60～100r/min 的转速旋转扩眼至段铣底界，期间应密切注意返出物形态，若存在异常应立即停止扩眼作业。

第三节　取换套技术

油层套管在水泥上返高度以上发生严重损坏，出现 B 环空异常带压，使油气水井无法正常生产时，可将损坏套管取出至地面。用合格套管与井下套管回接，以达到恢复生产的目的，所采用的技术称为取换套技术。

一、特种工具

（一）叉板

叉板可替代套管吊卡，减少套管提升高度，避免大负荷拉伸套管，如图 4-7 所示。

（二）换套紧扣器

1. 结构

换套紧扣器结构如图 4-8 所示。

2. 工作原理

当下接头与最后一根套管接箍连接时，用手将螺纹拧紧后，再反转锁紧套，推动滑环和限位套顶紧套管接箍端部。当下钻对扣和紧扣时，由于反扣螺纹拧在下接头外层的锁紧套挡住了滑环和限位套，并紧紧顶住套管接箍，因此下接头螺纹不会继续拧进套管接箍内。随着正转紧扣扭矩的增大，此处连接螺纹只会增大轴向拉力，不会增加螺纹齿尖和齿根的锁紧力。当套管紧扣结束需要退出紧扣器时，只要正转锁紧套，使之后退，限位套和套管接箍端的顶紧力也由大到小至消失。

在拆卸紧扣器时，如果锁紧套露出地面，则可用勾板子将锁紧套卸松。若在地面以下时，则要预先将卸扣短节和套筒组成的套筒板手套在 ϕ76mm 对扣方钻杆上。卸扣时将套筒板手下入井内，并使套筒的四齿和锁紧套的四爪互相咬合。此时，正转短节，即可将锁紧套退出，再提高套筒板手，反转方钻杆就可卸下紧扣器。

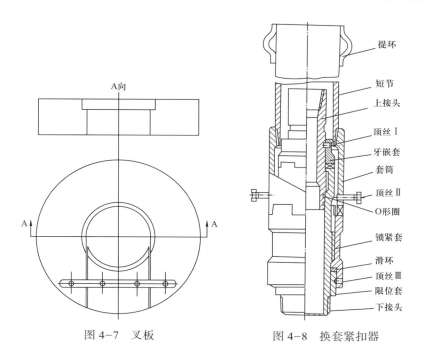

图 4-7 叉板

图 4-8 换套紧扣器

（三）机械式内割刀

1. 结构

机械式内割刀由心轴、切割机构、限位机构和锚定机构等部件组成，如图 4-9 所示。

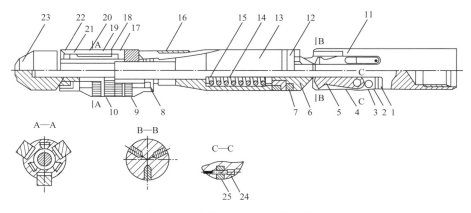

图 4-9 机械式内割刀结构示意图

1—刀片座；2—螺钉；3—内六角螺钉；4—弹簧片；5—刀片；6—刀枕；7—卡互锥体座；8—螺钉；9—扶正块弹簧；10—扶正块；11—心轴；12—限位图；13—卡互锥体；14—主弹簧；15—垫圈；16—卡互；17—滑牙片；18—滑牙套；19—弹簧片；20—扶正块体；21—止动圈；22—螺钉；23—底部螺帽；24—丝堵；25—圈柱销

2. 工作原理

把内割刀下放到预定切割深度，正转钻具，由于摩擦块紧贴套管内壁产生一定的摩擦力，迫使滑牙板与滑牙套相对转动，推动卡瓦上行沿锥面张开，并与套管内壁咬合完成锚定动作。继续转动并下放钻具，心轴下行。刀片沿刀枕斜面外伸并随钻具转动进行切割。切割完成后，上提钻具，心轴上行，单向锯齿螺纹压缩滑牙板弹簧，使之收缩，由此滑牙板与滑牙套即跳跃复位，卡瓦脱开，解除锚定[22]。

3. 注意事项

（1）下钻过程中严禁正转钻具，防止中途坐卡。

（2）按操作规程控制钻盘转速和放钻量，防止损坏刀片。

（3）在切割过程中，洗井液排量保持 500L/min 以上，不可停泵，切割完成后要彻底清洗井筒。

（4）割刀以上有较长套管时，应先将套管悬挂适当负荷再割，以免把刀片扭断。

（四）对扣头

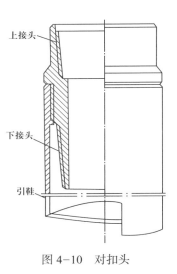

图 4-10　对扣头

1. 结构

如图 4-10 所示，对扣头由上接头、下接头和引鞋组成。

2. 工作原理

对扣头可以在较大的环形空间里将井下套管顶部引进对扣头，完成新旧套管的对扣回接，避免偏扣。

（五）铅封注水泥补接器

在换套管作业时，用于连接新旧套管，并保持井筒的通径不变。利用铅环压缩变形实施第一道密封，注水钻井液实施第二道密封。

1. 结构

铅封注水泥补接器结构如图 4-11 所示。

2. 工作原理

《正转管柱将套管引入引鞋，通过引鞋上部 6 个凸台将套管外壁的铁锈等附着物刮掉，并扶正套管。当套管接触螺旋上卡瓦后，将螺旋卡瓦向上顶起。螺旋卡瓦的外锥面与卡瓦座的内锥面间形成一定的间隙，使螺旋卡瓦外径得以扩张。当边转动边下放管柱时，靠螺旋卡瓦与套管外径之间摩擦扭矩的作用，螺旋卡瓦内径扩大，使套管顺利通过卡瓦座上台阶，直到顶住上接头。上提管柱，螺旋卡瓦外螺旋锥面与卡瓦座内螺旋锥面互相贴合，产生径向压力，使卡瓦齿尖嵌入管壁，将套管咬住。继续上提管柱，因螺旋卡瓦咬紧套管，卡瓦不能随外筒一起上行，于是引鞋在外筒拉力作用下给内套以向上的推力，使铅封总成受到轴向压缩产生塑性变形，起到密封作用。

在上述工序完成之后，慢慢下放管柱，使补接器受到 7~9kN 的下压力，卡瓦座顶住上接头，内套离开端面铅封打开卡瓦座与外筒之间的通道，开泵循环畅通后，注钻井液，再上提适当拉力，待水泥凝固后卸去拉力负荷，钻掉管内的水泥塞。

如果压缩铅封后未达到密封效果，应更换新的补接器，方法是用管柱下击工具，使螺

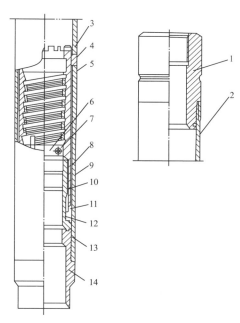

图 4-11 铅封注水泥补贴器示意图

1—上接头；2—外筒；3—卡瓦座；4—销钉；5—卡瓦；6—控制头；7—螺钉；8—中心环；9—铅封；10—末端封环；
11—限位套；12—内套；13—O 形密封圈；14—引鞋

旋卡瓦外锥面与卡瓦卡座内锥面脱开。卸掉上提时产生的径向压力，再一边缓慢转动一边上提，可将补接器退出套管，起出井口，重新下入新的补接器。

（六）封隔器型套管补接器

用于取换套时补接新旧套管。

1. 结构

由抓捞机构及封隔机构两大部分组成（图 4-12）。

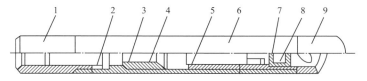

图 4-12 封隔器型套管补接器结构示意图

1—上接头；2—铅封；3—保护套；4—密封圈；5—卡瓦；6—筒体；7—密封圈；8—铣控环；9—引鞋

2. 工作原理

将补接器下至井下套管顶部，缓慢正转下放钻具，井下套管通过引鞋进入卡瓦，卡瓦先被上推，后被胀开使套管通过。套管通过卡瓦后，继续上行推动密封圈、保护套，使其顶着上接头，则密封圈双唇张开，完成抓捞。上提钻具卡瓦捞住套管。上提负荷越大则抓捞越紧。同时，双唇式密封圈内径封住套管外径，外径封住筒体内壁，从而封隔了套管的内外空间[23]。

此类补接器类似于捞筒。带密封圈的可以不用水基钻井液封固，但承压与密封程度差。不带密封装置而带引鞋尾管的，捞住后可循环，用水基钻井液封固。后者承压高，密封可靠。

二、切割取套技术

切割取套技术主要用于处理油层套管。由于技术套管内的油层套管或水泥返高以上的油层套管始终承受着自身重量带来的巨大拉力，故油层套管是在悬挂状态完成的。这种拉力是取换井下套管的困难因素之一。为此，下入机械式内割刀至井下套管损坏段附近实施切割作业，拉力自然释放。下套管倒扣捞矛将切割断的半根套管倒出，井下暴露出完好的套管螺纹，为下步更新套管的对扣回接做准备[24]。

（一）切割

割刀下井至预计深度后，开泵循环洗井，缓慢旋转下放座卡。要求在转速 5～10r/min、下放速度 1～2mm/min 下进行切割，当扭矩突然减小时，说明套管已割断，此时上提管柱即可解除锚定状态，提出切割管柱。

（二）取套

（1）用套管变扣短节将套管悬挂器提出或割掉环形钢板。

（2）起出切割点以上的大套管。

（3）下套管打捞倒扣，捞矛至鱼顶以上 5m，开泵循环洗井，并缓慢下放至鱼顶加压30～50kN 打捞，捞住后上提超过原悬重 200～300kN，使捞矛牙咬紧套管壁，再下放至中和点倒扣。

（4）起出打捞管柱及倒开的套管。

（三）注意事项

（1）取套前须在套损点以下 50m 注水泥塞封井。若套损严重，注水泥管柱无法下入时，应先采用胀修、磨铣手段将套管扩径。

（2）以套管破损处为通道建立循环，对油层套管外进行循环冲洗。

（3）切割点要避开套管接箍。

（4）套管捞矛打捞后上提负荷要适当，防止捞矛将套管切口胀裂，给打捞工作造成困难，在倒扣过程中，不可间断旋转，防止下部的套管柱松扣。

（5）切割套管所用的割刀刀片，必须与所切割套管的内径与钢级相匹配[25]。

三、套铣取套技术

套铣取套技术适用于油层套管的破损段处在水泥返高以上的裸眼地层段。

（1）采用割刀将井口下部油层套管割断，卸掉油层套管悬挂装置，提出割断的套管。

（2）套铣：套铣深度要超过破损套管以下的第一个接箍，为下步倒扣做准备。

（3）切割、取套：与切割取套技术相同。

（4）注意项：倒扣取套时严格按规程操作，不可将套铣点以下的油层套管倒开。若倒开，油层套管将处在套铣管以下的裸眼中，在套管回接时会出现对不上扣或对偏扣的现象，若继续套铣会将井内的油层套管顶部损坏。

四、换套技术

将新套管与井下某一深度的套管对接并恢复井口原貌，这是换套技术的关键[26]。

（一）对扣法换套

（1）对扣管柱组合：套管对扣接头 + 套管 + 套管紧扣器 + 方钻杆。

（2）对扣：当对扣接头下至鱼顶以上 5m 时，开泵冲洗，同时缓慢正旋转下放对扣管柱。

当以下放速度 0.5m/min 的速度下放套管遇阻，则停泵，加压 2～5kN，以转速 10r/min 对扣。对扣过程中悬重应保持不变，当达到紧扣扭矩标准时停止紧扣。

（3）提出套管接箍，垫好叉板。

（4）将套管悬挂器套于悬挂短节上，并与套管接箍对接。

（5）将套管紧扣器、方钻杆与悬挂短节内螺纹相接，启动转盘使各连接螺纹上紧，达到紧扣扭矩标准。上提管柱，撤掉叉板，下放管柱，使套管悬挂器坐入锥体，完成悬挂。

（6）下封隔器对套管对接部分及以上的套管试压，以清水为介质加压 20MPa，30min 后压降小于 0.5MPa 为合格。

（二）铅封注水泥套管补接器换套

（1）管柱组合：铅封注水泥套管补接器 + 套管 + 方钻杆。

（2）当补接器下至鱼顶以上 5m 时，开泵冲洗，同时缓慢旋转下放管柱，使鱼顶（套管）进入补接器内，加压 10～20kN。

（3）停泵，上提管柱超过原悬重 100～150kN，压缩铅封。

（4）下放管柱至超过原悬重 20～30kN，开泵试压 4～7MPa，30min 压降不大于 0.5MPa 为合格。如果试压不合格应退出补接器重下。

（5）下放管柱，使补接器承受 7～9kN 的下压负荷，打开水泥循环通道，循环水基钻井液固井。

（6）上提管柱，使补接器承受 100～150kN 的拉力，关井候凝。

（7）钻水泥塞，对套管试压 20MPa，30min 压降小于 0.5MPa 为合格。

（8）完成套管悬挂和安装井口。

（三）封隔器型套管补接器换套

（1）管柱组合：封隔器型套管补接器 + 套管 + 方钻杆。

（2）当补接器下至鱼顶以上 5m 时开泵冲洗，同时启动转盘缓慢旋转下放管柱，套管进入补接器内后加压 9～10kN。

（3）停泵，上提管柱，使补接器承受 100～200kN 拉力，完成抓捞与密封。

（4）对套管试压 15MPa，30min 压降小于 0.5MPa 为合格。

（5）完成井口悬挂。

（四）注意事项

（1）下井套管螺纹必须上紧，达到螺纹上紧扭矩。

（2）鱼顶必须是套管本体，且断口规则无变形。

（3）用铅封注水泥补接器换套后，必须达到水泥终凝时间才能进行下步作业，否则会影响固井质量。

五、施工井实例（Z6-16 井）

（1）作业时间：1997 年 11 月。

（2）基本井况：

表层套管：ϕ139.7mm；

下入深度：50.29m 水泥返至地面；

油层套管：ϕ139.7mm；

下入深度：1998.58m；

水泥返高：921.76m，套管壁厚 7.72mm；

人工井底：1984.50m；

射孔井段：1682.0～1943.0m。

（3）作业过程简介：

①用 251-5 封隔器找到套管漏失点 58.38m。

②封井管串：ϕ62mm 喇叭口 + ϕ73mm 油管 ×700m+251-5×551.38m+ 单流阀 ×541.88m+ 安全接头 ×541.78m+ϕ73mm 油管。

③用 ϕ114mm 机械式套管内割刀于 44.10m 处将油层套管割断，并取出至地面。

④套铣。管串结构：ϕ245mm 套铣头 +ϕ219mm 套铣管 + 方钻杆，套铣井段：42.60～81.23m，套铣后将套铣管留于井内作为技术性衬管。

⑤取套：用 ϕ120mm～ϕ150mm 公锥倒扣捞出油层套管 3 根，发现第二根中上部本体上有一长 40mm、宽 10mm 的腐蚀孔。

⑥对扣。管串结构：ϕ140mm 对扣头 +ϕ140mm 套管 +ϕ76mm 方钻杆。

⑦完成对扣后，卸掉方钻杆。

上提油层套管至大钩载荷达到 200kN，并通过环形钢板将油层套管焊在表层套管上。

⑧对回接套管试压合格，捞出井下封隔器，冲砂完井。

第四节　永久式封隔器井处理技术

"三高"（高温、高压、高含硫）气井 A 环空异常带压，多是由于封隔器泄漏或油管螺纹泄漏造成的，通过移除井内管柱二次完井，能够较好地解决 A 环空异常带压问题。

一、压井工艺

永久性封隔器修井是一项系统工程，而压井作为动管柱前的必备条件，更需要综合考虑修井液的性能、压井方式的可行性等问题，结合井控安全、储层保护能力及满足修井作业需要等条件选择修井液；结合管柱结构、压井作业安全等选择压井方式。

（一）修井液优选

1.常压 / 高压井修井液优选

根据前文所述，对于压力系数高于 0.8 的井，井漏因素影响相对较小，可根据地层压力系数和地层水型，选用适当类型的修井液，以满足作业需求，见表 4-5。

表 4-5　常压封隔器井修井液优选

类型		适用压力系数	井控能力	储层保护能力	井筒套磨作业能力	综合成本
地层水		0.8～0.9	√	好	较低（可增加增黏剂）	低
无固相压井液	KCl	0.9 左右	√	好	较低（可增加增黏剂）	一般
	NaCl	0.9 左右	√	好	较低（可增加增黏剂）	一般
	CaCl$_2$	1.1～1.3	√	较好	一般（可增加增黏剂）	高
	泥浆	1.3 以上	√	低	高	较高

常压 / 高压井修井液组合：优选 KCl、CaCl$_2$ 屏蔽堵漏泥浆（用于高产漏失井）作为封隔器修井液。

考虑套、磨封隔器需要，除管柱组合搭配随钻打捞工具外，修井液中需适当增加增黏剂和除硫剂，对于高产漏失井需额外考虑堵漏剂。

2.低压井修井液优选

1）综合修井液选择

对于压力系数低于 0.8 的井，以井漏情况及地层承压能力作为主要考虑因素，修井液体系适应性分析见表 4-6。

表 4-6　低压封隔器井修井液优选

类型	适宜压力系数	井控能力	储层保护能力	井筒作业能力	综合成本
地层水	0.8 以下	√	漏失	单独不具备	低
KCl	0.8 以下	√	漏失	单独不具备	一般
裂缝固化水	0.8 以下	√	可能漏失	承压能力可能不足	一般
暂堵剂	0.8 以下	√	较好	根据厂家能力不同	较高

综合低压井修井液性能，低压永久性封隔器井修井液：根据气藏性质，产层采用堵漏剂在作业期间暂时封闭气藏，上部采用地层水加增黏剂、除硫剂等作为套磨修井液，满足

作业需要。

2）结合产层堵漏的堵剂优选

本质上讲，高强度暂堵剂、裂缝型固化水、酸溶性堵漏浆及常规膨润土浆均属于防漏堵剂，选择低压井封隔器处理修井液时主要考虑气藏性质、地层温度、管柱处理要求以及作业承压能力等，见表4-7。

表4-7　低压封隔器井产层堵剂优选

产品	优点	缺点	适用范围	封隔器处理建议
高强度暂堵剂	（1）耐温好、成胶可靠； （2）防气窜性能较好； （3）储层伤害小； （4）处理简单	（1）初始黏度高； （2）可泵注性差； （3）高黏度可能影响上部管柱处理承压能力不确定	低压漏失气井；管柱完好	—
裂缝性固化水	（1）能有效封闭产层建立一定井筒承压能力，能够满足上部井筒循环处理复杂需要； （2）储层伤害较小	（1）承压能力存在不确定性； （2）用于高裂缝堵漏能力相对适应性较差	无法建立循环冲砂作业；温度140℃以下；管柱完好	√
酸溶性堵漏浆	（1）能有效封闭产层建立一定井筒承压能力，能够满足上部井筒循环处理复杂需要； （2）储层伤害较小	在使用时酸溶性还需根据具体井况进行核实并检测效果	应用于裂缝、微裂缝目的层防漏、堵漏，大斜度定向井、水平井防漏、堵漏	√
膨润土浆	成本低；具有一定产层屏蔽能力	（1）漏失严重井形成滤饼屏蔽能力弱； （2）对地层有一定伤害	常规漏失井	可配合使用

注：√—优先采用。

综合产层堵剂性能，低压永久性封隔器井产层暂堵方案：低压漏失井产层可采用酸溶性堵漏浆或裂缝性固化水在作业期间暂时封闭气藏，视情况结合膨润土浆配合使用。

（二）常用压井方式与压井施工技术

1.常用压井方式

在优选修井液基础上，实施压井作业，常用的压井方式包括常规压井法和非常规压井法两种。常规压井法就是井底常压法，是一种保持井底压力不变而排出井内气体的方法。司钻法、工程师法和边循环边加重法是常规的3种压井方式，它们具备以下两个条件：一是能安全压井；二是在不超过套管与井口设备许用压力条件下能循环压井液。其主要的区别是在压井过程中第一次循环所使用的压井液密度不同。

非常规压井法主要针对油管腐蚀穿孔、油管内堵塞、井口装置承压能力有限等特殊情况而分别采用反循环压井法、压回法、置换法、分段循环法等。

2. 常压 / 高压永久性封隔器井压井施工技术

1）压井主要考虑因素

针对压力系数相对较高井，除考虑封隔器管柱隔绝油套环空外，压井前，还需综合考虑单井现状，包括 5 个方面：

（1）考虑目前地层压力及井口压力：是否需要泄压，降低施工泵压。

（2）考虑产出流体性质：是否需要处理压井液，增加抗硫及防气窜能力。

（3）考虑井内管柱结构：预计剩余强度能否满足压井泵压要求。

（4）考虑完井管柱内通道情况：决定是否选择管柱内清洁作业。

（5）考虑油套管、井口装置腐蚀情况：施工安全泵压控制。

2）压井施工过程

（1）降压配合管柱内清洁（可选），为后续作业提供油管内作业通道。

① 核实井内管柱详细数据，根据生产及压力数据，综合判断油管内是否存在堵塞。

② 确保井下工具（主要是安全阀）处于打开状态。

③ 确认泵车工作压力，是否满足挤注或循环条件，若不满足，则利用地面管线适当对油管放喷降压。

④ 连接管线试压后，采用泵车从油管正挤清水或解堵液对油管内进行清洗，为后续电缆穿孔作业提供油管通径条件，解堵液根据井内堵塞物取样进行调配。

⑤ 若通过油管清洗无法达到沟通完井管柱的目的，则采用适宜连续油管带清洁工具清洗至封隔器上部设计穿孔位置，此时需根据气藏流体性质，修井液中适当添加除硫剂，保护连续油管。

（2）降压，利用地面流程降低井口压力，提供后续安全作业条件。

① 利用地面流程，开井放喷降低油管内压力，满足泵车压井启动泵压，同时增加后续压井作业安全性。

② 在施工控制压力下，油管内大排量正挤清水 1.5 倍井筒容积清水（含封隔器下部井筒容积）加压井液。

③ 利用清水垫底，降低后续井筒产出流体在压井液中的气窜效应，用压井液降压，降低后续管柱穿孔风险。需要注意的是，若地层水敏性较高，则直接挤注修井液。

（3）管柱通井、穿孔，创造循环压井通道。

① 根据井斜情况，选择电缆或连续油管作为通井、穿孔设备。

② 穿孔位置，优先选择在封隔器上部第一根油管进行穿孔，确保压井液循环深度靠近地层，增加压井成功率。穿孔位置选择还应避开井下工具（主要是伸缩器等），优先考虑过伸缩器切割封隔器上部油管，避免处理伸缩器复杂。

③ 穿孔要求，总过流面积不小于完井油管截面积，长距离布孔，尽量减小穿孔对管柱强度影响。

④ 穿孔后，控制油套回压，起出穿孔管柱。

（4）压井，正反循环配合压井至平稳。

① 正注修井液，替出环空内液体。

② 反循环、大排量（800L/min）循环修井液，快速建立井筒液柱，循环压井至平稳。

③ 其中针对高压气井，在循环修井液过程中，修井液可能会由于气侵导致密度降低，需要在循环的同时根据返出修井液的情况对其加重；对于高含硫气井，则需要边循环边除硫，如图 4-13 所示。

④ 根据作业工况循环，作业中按井控要求定期循环、脱气。

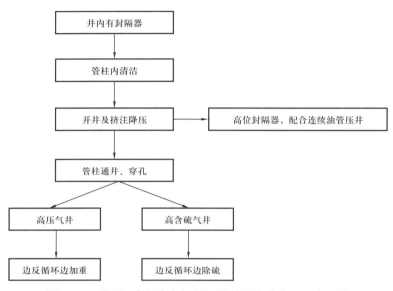

图 4-13　常压 / 高压永久性封隔器井压井作业工艺流程图

3. 低压永久性封隔器完井管柱压井施工技术

根据堵塞情况并分析堵塞物成分，降压后，采用泵车从油管正挤清水或解堵液对油管内进行清洗，为后续压井作业提供井筒条件；当正洗无效，可采用连续油管带清洁工具清洗至油管鞋位置，往往低压井可能循环失返，需注意连续油管通油管内径时的防卡技术措施。低压封隔器完井管柱压井施工主要分为压前完井管柱分析及压井施工两大阶段，其主要作业工序为：完井管柱情况判断→井内管柱完好，则挤注修井液封闭油管内及封隔器下部产层→井内管柱不完好，则油套控压，挤注修井液封闭产层，具体作业工艺流程如图 4-14 所示。

1）压前完井管柱情况判断

主要采用两种方式：一是结合井口油套压力情况，理论分析油管穿孔可能性，分析腐蚀环境下，井下管柱是否可能穿孔、断落；二是工程方式，采用油管内通井加腐蚀检测手段检测井下管柱是否完好，该方式的优点主要体现在能够直观检测井内管柱情况，并根据检测数据初步分析油管残余强度，便于后续压井施工压力控制。若井内管柱存在堵塞，可采用连续油管进行解堵作业。

2）压井施工过程

（1）井内管柱完好情况下压井。

① 储层物性相对较差，产量较小的井。

a.适当开井降低井口压力，便于减小泵注压力，降低压井时油管受损风险。油管正挤修井液，向原井管柱内挤注活性水等修井液试压井，建立井筒液柱平衡地层压力。

b.观察并监测油管内液面，判定活性水等修井液是否能安全控制井内压力。

c.若仍然不平稳，则采用产层堵漏剂挤注压井平稳。

d.封隔器处理过程中，根据处理工具性能，再选择井筒暂堵后进行封隔器处理。

② 储层物性好，产量大，预期漏失大的井。

a.适当开井降低井口压力，便于减小泵注压力。

b.直接从油管内挤注暂堵剂，对产层进行暂堵，建立起井筒承压能力。

（2）井内管柱穿孔或断落情况下压井。

① 储层物性相对较差，产量较小的井，实施阶段压井工艺，避免首先使用堵剂，降低封隔器上部管柱倒扣处理成功率。

a.换装井口及处理封隔器上部管柱阶段压井：适当开井降低井口压力，便于减小泵注压力，油套管同时挤注活性水压井。

b.处理封隔器阶段，实施产层暂闭，封隔器上部管柱处理完后，再实施产层暂闭作业。

② 储层物性好，产量较大的井。

a.降压后，油套管挤注活性水垫底。

b.控制油套环空补活性水情况下，同时油管内正挤堵剂，计算暂堵用量，采用活性水顶替堵剂至封隔器位置。

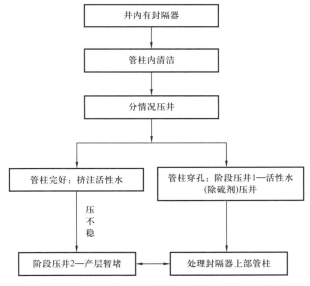

图 4-14 低压永久性封隔器压井作业工艺流程图

值得注意的是，在产层实施暂闭后，处理封隔器管柱过程中，要密切观察暂闭效果，同时在井筒内实施套磨作业时，要适当增加修井液黏度，或者直接采用低密度增黏泥浆作为处理封隔器时的工作液。

二、永久式封隔器上部管柱处理技术

永久式封隔器上部管柱处理方法主要分为原井管柱倒扣处理和管柱切割及切割后残余管柱处理两种方式。

（一）原井管柱倒扣处理工艺技术

常用的永久式封隔器通常具有左旋倒扣接头，当需要进行管柱更换作业时，采用原井管柱倒扣方式，具备一次性倒扣起出封隔器上部管柱可能，但分析及实践表明，制约倒扣起管柱因素较多。

1. 影响倒扣成功因素

（1）油套环空清洁度。

（2）井下管柱剩余强度。

（3）扭矩传递。

2. 倒扣作业

1）倒扣推荐井况选择

（1）封隔器上部具备左旋可倒扣接头。

（2）优先考虑直井段为预计倒扣点。

（3）完井时间较短，井下扣粘黏可能较小。

2）倒扣扭矩控制

由于倒扣扭矩来源为井口转盘驱动，井口扭矩传递至倒扣点存在损失，若转盘扭矩太小，无法倒扣，若转盘扭矩过大，可能导致钻杆损坏，因此需要通过计算准确控制转盘扭矩。

3）倒扣施工

（1）倒扣准备。

a. 核实详细井斜数据，计算并预判扭矩传递效率。

b. 核实详细井下管柱资料，包括结构、重量、螺纹类型，给出上部管柱残余强度值。

c. 调校地面提升设备、扭矩仪准确度。

（2）现场操作。

a. 连接方钻杆、水龙头，配内防喷工具。

b. 逐级试提活动，试提活动吨位：封隔器上部管柱重量附加 30kN 范围内活动。

c. 上提吨位为封隔器上部管柱重量附加 30kN 左右，在安全扭矩值范围内，低转速倒扣，根据扭矩反应，多次重复作业，判断井下是否脱扣。

（二）管柱切割及切割后残余管柱处理技术

从永久式封隔器国内外修井案例分析，具备原井管柱倒扣成功井多见于完井时间短、井筒清洁度较高的井，相对来说此类井较少，这就需要提出新的封隔器上部管柱处理方法。主要包括管柱切割和切割后残余管柱处理两个阶段。

1. 管柱切割

1）切割工艺

现有的管柱切割工艺相对较为成熟，主要包括电缆切割、连续油管配合聚能/化学切割、机械切割及水力切割。

（1）电缆聚能（爆炸）切割。

电缆聚能（爆炸）切割是通过电缆作业将聚能（爆炸）切割弹下至待切割点位置，通过电信号引爆切割弹从而切断井下管柱的一种工艺。该工艺利用炸药面对称聚能效应，设计出合理的装药结构，将线切割转变为环切割。作业工具主要包括电缆、电缆头、加重杆、磁性定位器、电雷管室及雷管、炸药柱、炸药燃烧室、切割喷射孔、导向头及脱离头。该种作业方式优点在于使用电缆，可带压作业，速度快，成本较低；但对井斜有要求，部分工艺可能存在多次切割。

（2）电缆化学切割（图 4-15）。

化学切割工具一般通过电缆下井，磁定位仪对油管柱进行校深。校深后，切割头对准切割位置，电缆通电引爆点火头内的雷管，雷管引燃下端的气体推进火药，推进火药按一定速率燃烧，迅速在火药仓内产生高温、高压气体，压力瞬间可达到 170 MPa，气体使锚体迅速张开，固定在管柱内壁上。推进火药产生的压力使化学药柱下端破裂盘破裂，化学药剂经过催化剂时产生反应。其化学反应方程是：

$$3BrF_3 + 4Fe \rule[0.5ex]{2em}{0.4pt} 3FeF_3 + FeBr_3$$

过程反应产生的高温、高压推进切割头内的小活塞向下移动，打开切割头孔眼，使化学药剂以高温、高压的形式喷向管柱内壁，管柱被强烈化学腐蚀，继而形成弱点，在施加给油管柱上提力的作用下，油管柱从弱点处断裂。随着仓内压力等于井内流体静压力时，锚会自动收回，使仪器脱离井壁[27]。

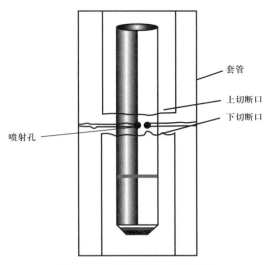

图 4-15 电缆化学切割示意图

电缆化学切割工艺与聚能切割工艺相比，切割端更整齐，可大大减少后续打捞剩余管柱的修鱼顶作业。

（3）连续油管配合聚能／化学切割。

受限于电缆作业下入井斜能力（通常下深井斜不超过45°），在需要更靠近封隔器位置进行管柱切割时，往往采用连续油管带切割弹入井切割。

（4）机械切割。

采用钻杆或连续油管下入井下螺杆和机械割刀对管柱进行切割。作业优点在于可以在大斜度井或水平井使用，作业过程不使用化学剂，但工艺需要油管内锚定装置，割刀所能切割的壁厚尺寸有限，工具易磨损失效，同时连续油管作业成本较高。

（5）水力切割。

使用钻杆或连续油管下入切割工具带研磨性质的流体对管柱进行切割。优点在于工艺可以在大斜度井和水平井实施，可以进行过油管作业，一种工具尺寸可以满足多种不同尺寸壁厚的管柱切割作业，具备双层管柱切割作业能力；缺点在于同样需要锚定装置，同时需要配置研磨流体，作业成本高。

2）切割位置

考虑封隔器处理，在满足作业工具下入，同时预留打捞作业空间的前提下，切割点位置选择应尽可能靠近封隔器，即封隔器上部第一根油管中下部，并给打捞残余管柱预留1～2m作业空间，同时要充分考虑伸缩器情况，在有切割空间的前提下，应尽量避开在伸缩器等工具位置切割（在伸缩器位置切割，会造成该工具散架，增加后续复杂）。

3）切割工艺优选

考虑电缆在大斜度井筒内下入能力有限，在常规井斜范围内，电缆切割能够满足要求，若不具备电缆下入能力，可采用连续油管带化学切割弹入井切割，解决管柱到位问题，优选结果见表4-8。

表4-8　永久式封隔器井切割工艺优选表

切割工艺	优点	缺点	方案优选
电缆聚能（爆炸）／化学切割	可带压作业，作业快，成本低	井斜受限，可能存在重复切割，化学／炸药制品具有一定风险性	推荐在井斜45°范围内使用
连续油管配合聚能／化学切割	可带压作业，作业快，可超过井斜限制	作业成本较电缆高	推荐在井斜大于45°范围内使用
机械切割	内切割可带压，不受井身结构限制，可采用钢性管柱重入鱼腔	割刀适应性较低，需要锚定装置，工具易磨损，作业成本高	推荐需要重入鱼腔井中使用
水力切割	不受井身结构限制，适宜不同待切割壁厚；可双层切割	需压井作业，需要磨料，需要锚定装置，工具易磨损，作业成本高	工艺成熟度不高，暂不推荐

2. 切割后残余管柱处理

永久性封隔器上部管柱在切割起出后，剩余的1～2m油管短节仍然影响封隔器的后续处理，此时需要下入新的工作管柱对剩余的油管短节进行打捞。

1）打捞倒扣工具优选及推荐

切割后倒扣打捞：一是要求工具具备可退能力，捞获倒扣不成功时，能够退出，确保不新增井下复杂；二是工具具备高强度抓获能力或造扣能力，永久式封隔器完井管柱往往为高强度油管，常规打捞卡瓦或造扣公锥无法对油管本体进行抓获，需要提升卡瓦或公锥强度；三是管柱具备足够抗扭强度，整体工作管柱及工具抗扭能力需超过封隔器上部左旋短节破坏扭矩，确保上部管柱安全。

（1）可退式倒扣捞矛。

如图4-16所示，可退式倒扣捞矛工具原理为当卡瓦接触落鱼时，卡瓦与矛杆开始相对移动，卡瓦从矛杆锥面开始脱开，矛杆继续下行，花键顶着卡瓦上端面，迫使卡瓦进入鱼腔。由于卡瓦直径大于落鱼内径，分瓣卡瓦受向内压力，使得卡瓦紧贴管壁，下放到位后，指重表回降时，上提钻具，此时卡瓦、矛杆的内外锥面贴合，产生径向胀紧力，实现打捞。若此时旋转打捞管柱，产生力矩，力矩通过上接头的牙嵌花键套上的内花键传到矛杆上均布的三等分键再传给卡瓦和落鱼，实现倒扣。退出工具时，必须下击矛杆，使矛杆与卡瓦内锥面脱开，然后旋转钻具1/4圈，使卡瓦下端大倒角进入矛杆锥面上三个键起端倾斜面夹角内，上提钻具，卡瓦和矛杆锥面不再贴合，即可退出工具。

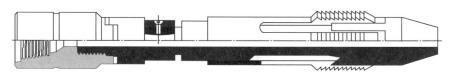

图4-16　可退式倒扣捞矛

（2）可退式倒扣捞筒。

如图4-17所示，倒扣捞筒的工作原理与其他打捞工具一样，倒扣捞筒在打捞或倒扣作业中，主要机构的动作过程是当内径略小于落鱼外径的卡瓦接触落鱼时，卡瓦受阻，筒体开始相对卡瓦向下滑动，卡瓦脱开筒体锥面，筒体继续下行，限位座顶在上接头下端面上迫使卡瓦外张，落鱼引入。

落鱼引入后停止下放，此时被胀大了的卡瓦对落鱼产生内夹紧力，咬住落鱼。而后上提钻具，筒体上行，卡瓦与筒体锥面贴合，随着上提力的增加，三块卡瓦内夹紧力也增大，使得三角形牙咬入落鱼外壁，继续上提就可实现打捞。

如果不继续上提，而对钻杆施以扭矩，扭矩通过筒体上的键传给卡瓦，使落鱼接头松扣，即实现倒扣。如果在井中要退出落鱼，收回工具，则将钻具下击使卡瓦与筒体锥面脱开，卡瓦最下端大内倒角进入内倾斜面夹角中，然后右旋，此刻限位座上的凸台正卡在筒体上部的键槽内，筒体带动卡瓦一起转动，再上提钻具即可退出落鱼。

图4-17　可退式倒扣打捞筒

（3）倒扣公锥／母锥。

利用公锥和母锥造扣能力，捞获落鱼进行倒扣。

2）打捞倒扣管柱及施工技术

针对原井油管倒扣未尽或切割后残余油管，推荐进行打捞倒扣作业，作业管柱全程考虑带随钻震击器，用于必要时解卡；修鱼管柱配套扶正器，用于保护套管；打捞工具必须为可退式。

（1）管柱组合。

① 鱼顶修整管柱组合：整高效磨鞋＋扶正器＋钻铤＋震击器＋钻铤＋钻杆，如图 4-18 所示。

② 外捞倒扣管柱组合：可退式打捞筒＋钻铤＋震击器＋钻铤＋钻杆，如图 4-19 所示。

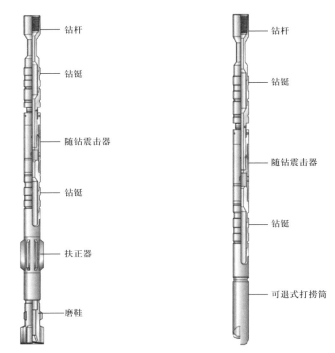

图 4-18　鱼顶修整管柱示意图　　图 4-19　外捞倒扣管柱示意图

（2）修鱼施工技术。

① 修鱼施工参数见表 4-9。

表 4-9　修鱼施工参数

工艺	钻压 /kN	排量 /（L/s）	转速 /（r/min）
磨铣修鱼	10～30	8～13	60～80

② 施工技术要点：

a. 高耐磨封隔器材质处理，考虑工具强度，低钻压、相对高转速及大排量返屑；

b. 转速及排量同时需结合套、磨工具及水眼摩阻大小确定；

c. 磨铣作业时间段上提管柱，活动钻具，防止卡钻。

（三）封隔器上部管柱处理流程

根据永久式封隔器的结构和上部管柱情况，分析管柱是否具备原井管柱倒扣条件，根据情况决定是否原井管柱倒扣或直接进行切割后打捞，通常原井管柱倒扣会作为一种尝试性选择手段，两种工艺需结合使用。封隔器上部管柱处理工艺流程如图 4-20 所示。

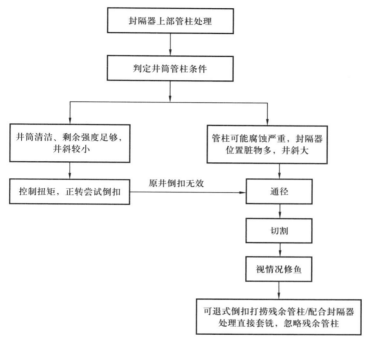

图 4-20　封隔器上部管柱处理工艺流程图

三、永久式封隔器移除工艺技术

永久式封隔器移除原则：一是要求低成本、高效套磨作业；二是要求作业过程中尽量避免井下复杂，不新增落鱼。在封隔器处理过程中，在考虑工艺配合时，需要充分分析井内鱼顶现状、套磨工具适应性及后续打捞工况。立足套铣打捞工艺处理封隔器时，要慎用钻磨作业，盲目的磨铣作业会增加井下脏物及落鱼变形可能，限制了后续打捞工艺实施，增加井下不可预知的复杂情况；立足于磨铣作业时，需要充分考虑封隔器内打捞腔的保护，创造封隔器处理全周期内的内外打捞条件。

（一）封隔器处理工艺优选

1. 材质对套磨工艺的影响

要解封封隔器坐封卡瓦，必然要使用套磨工艺。实验表明，采用同种钻磨材料及工艺条件下，对不同材质合金的标准试件进行钻磨，其切削时间相差较大，主要表现为 718 材质镍基合金（40 HRC Max）磨切削时间系数达到普通碳钢材料的4倍[29]。镍基合金可塑性好，耐磨性高，主要有三方面原因：一是材料原子结构稳定，需要很大的能量才能使原子脱离平衡位置，即磨铣时需要很大的切削力，所需切削力是普通碳钢的2～4倍；二是随着磨铣的进行，加工硬化严重，在切削热的作用下，其表面会形成硬脆的表层，表面硬度比基体高近1倍；三是切削温度高，镍基合金导热系数小，仅为45号钢的1/4～1/3，刀具与工件摩擦强烈，温度可达1000℃以上，现有的套磨工具对高耐磨材料套磨效率低（表4-10）[30]。

表4-10　不同合金切削时间系数表

材质	时间系数	材质	时间系数
低碳合金钢（1010-4145）①	1	25% Cr SS	2.25
Q-125（34～40 HRC）	1.25	28% Cr SS	2.5
9% Cr SS	1.25	Super Duplex 25% Cr SS 125 ksi MYS，32～36 HRC（+ 8% Ni & 4% Mo）	3
13% Cr SS	1.25	625 镍基合金（38 HRC Max.）	3
410 SS	1.25	825 镍基合金（35 HRC Max.）	3
420 SS	1.5	925 镍基合金（38 HRC Max.）	3
316 SS	2	718 镍基合金（40 HRC Max.）	4
22% Cr SS	2	耐蚀镍基合金（40 HRC Max.）	4
超级 13% Cr SS 95 ksi MYS（+ 5% Ni & 2% Mo）	2		

① 低碳合金钢切削加工的时间系数是基于相近硬度（18～28HRC）的材料。

2. 处理工艺适应性分析

根据封隔器处理工艺，分析现有的三种封隔器处理工艺技术优缺点及适应性，见表4-11。

表4-11　处理工艺适应性分析表

处理工艺	优点	缺点	适应性
套磨一体打捞工艺	节约起下钻时间	高耐磨材质封隔器可能一次套磨不成功，需重复下入； 不可避免地井筒清洁不彻底，可能导致打捞不成功，甚至卡钻	相对硬度较低的封隔器套磨作业
套铣、打捞工艺	套铣封隔器卡瓦及封隔器部分本体，减少钻磨难度	受壁厚影响，套铣工具强度有限，易发生套铣工具受损； 地面施工参数控制要求高	相对井眼较大套管内，铣鞋强度能得到保证

续表

处理工艺	优点	缺点	适应性
磨铣、打捞工艺	整体磨铣，相对施工参数易控制；对高耐磨材质封隔器处理效果较好；小井眼内适用性较高	整体磨铣封隔器，磨铣时间相对较长	在高耐磨材质及小井眼环境中更具有优势

3. 封隔器处理技术工艺及技术要点

1）不同套管及封隔器材质封隔器处理工艺

考虑材质及现有处理工艺适应性，结合现场作业经验，研究形成不同材质封隔器处理工艺，见表4-12。

表4-12　不同封隔器处理工艺优选表

作业井筒	封隔器材质	作业井深/m	优先处理工艺	配合处理工艺	处理工具	动力选择
ϕ139.7mm及以上套管	9Cr1Mo、718及以上	—	领眼磨铣/套铣为主	套铣/磨铣	领眼磨鞋、套铣工具、随钻清洁系统、打捞工具	转盘
	<9Cr1Mo、718	—	套磨一体打捞	单独套铣及领眼磨铣	套磨一体工具、随钻清洁系统、打捞工具	转盘
ϕ127mm套管	—	>5000	领眼磨铣为主	套铣	领眼磨鞋、随钻清洁系统、打捞工具	转盘配合井下动力钻具
	<9Cr1Mo、718	<5000	套磨一体打捞	领眼磨铣	套磨一体工具、随钻清洁系统、打捞工具	转盘

2）封隔器处理技术要点

（1）对于材质9Cr1Mo、718的封隔器处理，不推荐采用套磨一体打捞工具，对于ϕ127mm直径以上套管内（材质9Cr1Mo及以上）封隔器处理，以领眼磨铣、套铣工艺有效结合。

（2）套、磨目标位置以破坏封隔器下卡瓦解封为主要打捞触发条件，但可在封隔器上卡瓦处理后尝试一次可退打捞。

（3）除随钻清洁外，打捞前建议进行一次专项鱼顶清洁作业。

（4）若套铣下卡瓦后打捞无效，则进行领眼整体磨铣完封隔器及延伸筒。

（5）深井、小井眼考虑扭矩及薄壁套铣筒强度，推荐采用磨铣处理封隔器为主、套铣为辅，同时考虑井下动力钻具[32]。

（二）封隔器处理管柱及施工技术

1. 套磨管柱组合

（1）套铣管柱组合：整体式铣鞋 + 随钻捞杯 + 钻铤 + 震击器 + 钻铤 + 钻杆。

（2）领眼磨铣管柱组合：领眼磨鞋 + 随钻捞杯 + 钻铤 + 震击器 + 钻铤 + 钻杆。

（3）套磨一体打捞管柱组合：套磨一体打捞工具＋随钻捞杯＋钻铤＋震击器＋钻铤＋钻杆。

根据待处理封隔器的井斜，若井斜较大，需额外考虑工艺措施对套管的保护，一是设计的磨铣工具端部要有扶正作用，二是考虑额外增配扶正器。

2. 作业施工技术

1）施工参数

封隔器套磨作业过程中施工参数见表 4-13。

表 4-13　封隔器套磨作业过程中施工参数表

工艺	钻压 /kN	排量 /（L/s）	转速 /（r/min）
磨铣	10~30	8~13	60~80
套铣	5~20	8~13	50~60

2）施工技术要点

（1）高耐磨封隔器材质处理，工具强度要求高、井筒清洁度要求高，要求采用低钻压、相对高转速及大排量返屑。

（2）转速及排量同时需结合套、磨工具及水眼摩阻大小确定。

（3）套、磨作业时间段上提管柱，活动钻具，防止卡钻。

（三）封隔器处理流程

结合封隔器处理工艺及管柱技术特点，封隔器处理流程如图 4-21 所示。

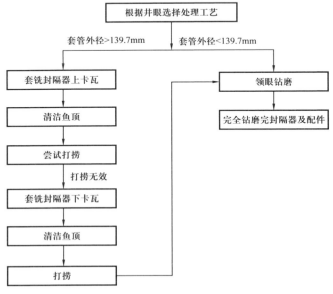

图 4-21　封隔器处理流程图

第五节 挤堵封堵技术

针对 A 环空异常带压井，前文介绍的通过移除井内管柱二次完井的方法，但该方法存在作业周期长、成本高的缺点。随着化工技术的不断发展，涌现出一批针对油气井泄漏的堵剂，本节介绍国内常用的各类堵剂，并对挤堵技术进行探讨。

一、封堵材料

除常规油井水泥外，封堵材料主要分为温度敏感堵剂与压差敏感堵剂两大类。而封堵材料的性能决定了挤堵封堵作业程序以及封堵质量的好坏，根据流体性质、泄漏点大小、泄漏点深度，应采用不同性质的封堵材料[31]。

（一）温度敏感堵剂

温度敏感堵剂在不同温度条件下，呈现不同的流体性质。通常在常温条件下，具有较低的黏度，易于泵注；在高温条件下，黏度迅速提高，形成固体屏障，实现封堵作业。温度敏感堵剂主要适用于漏点位置明确，截面积较大的漏点。

1. 树脂堵剂

树脂堵剂是一种氨基固化剂和一种环氧化合物之间的交联反应产生的一种固化的三维无限聚合物网络，分子结构如图 4-22 和图 4-23 所示。

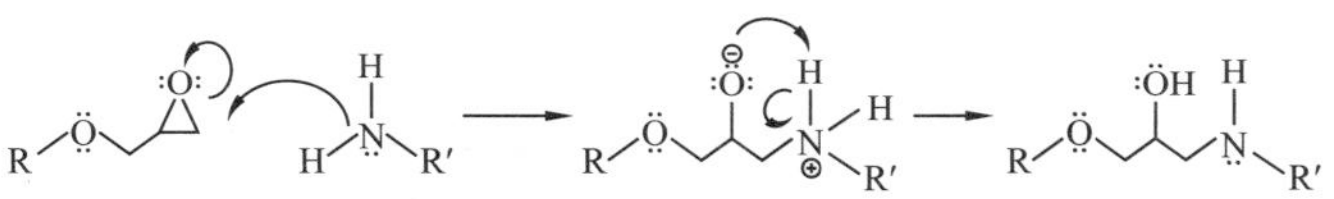

图 4-22 树脂堵剂分子结构（一）

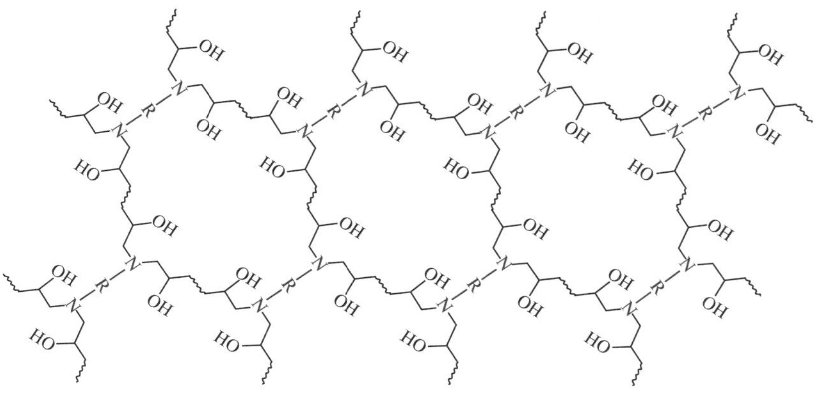

图 4-23 树脂堵剂分子结构（二）

树脂堵剂属于无固液体，在地面调配完成时，黏度与清水相当，具有良好的流动性，具有如下特点：

（1）可穿透微米级孔隙；

（2）牛顿流体—液体状态下无屈服点；

（3）胶结力强可抗高压（23MPa/m）；

（4）抗化学腐蚀（酸／二氧化碳）；

（5）与水泥互补；

（6）抗污染能力强（克服不充分钻井液顶替）；

（7）兼容性好（包括水）；

（8）高塑性（形变可达到20%）；

（9）高强度（34～103MPa）；

（10）可钻。

2. LongerSEA 堵剂

LongerSEA 是一种聚合物体系（图4-24），通过多组分聚合物与控制剂协同作用，性能远远优于水泥体系。体系不含任何颗粒物质，不溶于水、不溶于油，不受地层水矿化度影响；固化后耐强酸、强碱，高温下耐二氧化硫和二氧化碳腐蚀。

图 4-24　LongerSEA 堵剂成胶形态

堵剂特点：

（1）完全无固相，可穿透微米级孔隙；

（2）高抗压强度（最高大于70MPa）；

（3）高弹性（形变可达到10%）；

（4）抗化学腐蚀（酸／碱）；

（5）抗污染能力强；

（6）完全可钻；

（7）堵剂体系密度：1.1g/cm^3；

（8）推荐使用温度范围：20～110℃。

3. MagicFLU 堵剂

MagicFLU 堵剂（图 4-25）是新一代高分子化学堵剂，该堵剂通过温度激活，可实现真正意义上的"直角快速固化"，为钻井、压裂或生产时遇到大漏失段（或大出水段）提供解决方案。

图 4-25 MagicFLU 堵剂成胶形态

堵剂特点：

（1）体系通过温度激活固化，固化时间可控；

（2）直角快速固化，体系从液态变成固态的过渡时间只有几至十几分钟；

（3）体系固化后强度高，2h 强度可达到 4000psi，最高达 11000psi；

（4）流变性好，体系固化前具有较好的流动性，可泵入性强；

（5）无须起钻，直接通过原钻井 BHA 泵入；

（6）抗污染能力强，最高 50% 污染仍可起强度；

（7）易钻除，且对地层无伤害。

（二）压差敏感堵剂

压差激活密封概念由国外研究人员于 1995 年首先提出，其泄漏微缺陷修复是一种类似于"创口血液凝固"的仿生行为。密封流体在管柱漏点压差作用下发生液—固转化，生成韧性固体，仅对泄漏孔道形成自适应封堵，而剩余密封剂仍保持流态，不影响油气井正常生产。压差激活密封剂最早应用于海洋油气管线泄漏修复，现已扩展到海洋油气生产的各类型密封，累计应用超过 1300 次，封堵成功率达 84%，修复作业费用下降达 90%。尽管压差激活密封概念提出较早，但国内目前关于该密封剂的报道较少。2015 年，郭丽梅等首次报道了压差激活密封剂的组分筛选、制备及模拟堵漏评价结果，指出密封剂中的活性固相颗粒是成功封堵的关键。压差激活密封剂为解决油气井的环空带压问题提供了新方法，尤其是对受生产环境、修复工艺和周期影响更大的海上油气田，因此有必要对压差激活密封剂的制备条件、压差激活机理以及密封方式进行研究[33]。

压差激活密封剂是一种由胶乳粒子和分散介质组成的多相流体。作为分散相的胶粒具有规则形貌，可以看成是两层结构，内层是由疏水链和亲水链通过共价键交联形成的高分子聚结体，而外层是包裹内核的液膜，由亲水端水化作用及亲水缔合作用形成的高黏水层。压差敏感堵剂的成胶原理（图4-26）为：漏点压差是密封流体在孔隙内发生液—固转化、形成韧性固体屏障的关键。其自适应密封包括胶粒物理活化与化学聚结两个阶段：（1）在液滴活化阶段，密封流体中的复杂液滴在流场作用下，发生变形或者壁面撞击破碎，导致液滴发生去水化作用，使预交联高分子中心暴露，形成活性固态微粒；（2）在聚结密封阶段，去水化预交联固相微粒可进一步通过碰撞、吸附作用，在聚集态界面发生分子间缔合，自聚结形成韧性固体[34]。

压差敏感堵剂主要适用于漏点位置不明确、截面积小的漏点，例如炮眼、螺纹等。

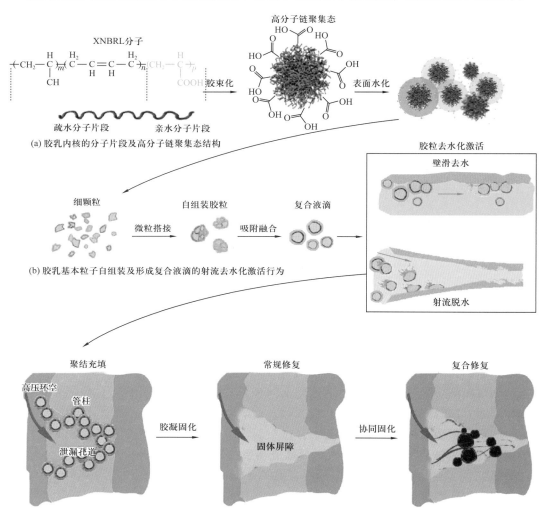

(a) 胶乳内核的分子片段及高分子链聚集态结构

(b) 胶乳基本粒子自组装及形成复合液滴的射流去水化激活行为

(c) 压差激活密封剂在受限空间的液—固转化及固体屏障结构

图 4-26　压差敏感堵剂成胶过程

二、挤堵封堵技术方法

（一）自由沉淀封堵

针对封隔器泄漏造成 A 环空异常带压井，较低成本的封堵方法是从环空注入堵剂，让其在重力作用下沉淀至封隔器位置，形成一定厚度的封堵塞，最终起到阻隔下部压力上窜的作用。

需要注意的是，在自由沉淀封堵作业时，要充分考虑封隔器泄漏量的大小，若泄漏量过大，沉淀时可能出现被泄漏气体冲散的风险，因此在封堵作业期间应关闭套管阀门[35]。

（二）定点挤注封堵

结合温度敏感堵漏剂的特点，针对井内存在较大漏点，可从管柱内直接挤注，方法如下：

（1）在漏点位置大体明确的情况下，通过下温度计等方式，对漏点处温度进行准确测量。

（2）采用泵车对环空进行试挤清水或与堵剂密度、黏度相似的液体，通过排量判断漏点情况，为后续作业提供依据。

（3）根据漏点温度、试挤情况，调配堵剂成分，确保堵剂泵注到漏点位置能快速成胶。

（4）采用泵车从环空挤注前置液后，挤注堵剂，并挤注顶替液将堵剂替到漏点位置。

（三）压差封堵

对于存在油套管螺纹泄漏等微小漏点、且漏点两端存在明显压差的情况，可采用压差堵剂进行封堵。

1. 井内有油管时的压差封堵方法

（1）确定泄漏率，泄漏深度，分析漏点内外压差，作为激活压差；

（2）分析泵入速率和压力，确保压差堵剂不会在泵注过程中成胶；

（3）从管柱内或油套环空注入压差堵剂，注入量应有一定富余量；

（4）采用顶替液将压差堵剂顶替到泄漏点位置，持续泵注，待压差堵剂成胶；

（5）试压合格。

2. 井内无油管时的压差封堵方法

（1）下入挤堵封隔器至井内坐封，挤注清水确定泄漏率、泄漏深度，分析漏点内外压差，作为激活压差；

（2）分析泵入速率和压力，确保压差堵剂不会在泵注过程中成胶；

（3）如果能够轻易地泵入，建议先挤入水泥以获得抑制性；

（4）解封封隔器，下至泄漏点附近；

（5）从油管内循环泵入压差堵剂至泄漏点；

（6）将封隔器起到压差堵剂以上并坐封；

（7）施加泵压将压差堵剂挤入漏点；

（8）持续挤注，完成压差堵剂的结晶和凝固；

（9）试压合格后，解封封隔器，循环洗井。

第五章

井筒封堵技术

　　随着油气田开发进入中后期，产能枯竭，会出现大量闲置或待废弃油气井，这些闲置或待废弃油气井由于管理上的松懈往往存在诸多隐患，如井口装置腐蚀泄漏、井场被居民占用等，一旦发生油气泄漏，将造成严重的安全环保事故。

　　井筒封堵技术通过将封堵材料泵入井筒内，建立井筒内屏障，一方面防止储层流体在井筒内发生层间互窜，另一方面避免井筒内流体泄漏至地面或地面流体渗入井筒，保证油气井的安全平稳运行及井口周围居民的人身财产安全。

第一节　封堵目标和原则

一、封堵目标

油田闲置井和废弃井存在许多安全隐患：一是敞口井，无井口控制，极易发生重大井喷失控事故；二是直接在井口套管短节上焊盲板或井口封井器有问题的井，存在无法测压、放压等问题，一旦井筒压力发生变化，容易造成油气泄漏或井喷失控事故；三是多数废弃井井场被占，井场周围 50m 范围内建有民房、学校、村庄等建筑物，存在高风险井控安全隐患和环保事故隐患；四是采取井筒注水泥等封井措施，因井况限制，水泥塞在水泥返高以上，水泥塞下部套管损坏后，存在井内油气集聚至油层套管与技术套管环空上窜至井口的风险。

为解除一口井的安全隐患，一旦进入封堵程序，封堵的目标往往为：

（1）确保储层流体不会通过井筒、套管环间、套管与井眼水泥环胶结面之间上窜至地表，并防止井内套管之间互窜。

（2）确保气井处理后井身结构安全，能够封闭各类异常高压、高危层。

（3）确保气井处理后地面井口封闭，保证井口附近人民的生命、财产及环境安全。

二、封堵原则

永久性封堵及废弃井的封堵作业的原则为：

（1）井筒安全——在井内适当层段注水泥塞以防止井筒中形成流体窜流通道，目的在于保护淡水层和限制地下流体的运移。

（2）井口安全——保障井筒压力等受控。

（3）地面安全——保证周围居民及环境的安全。

封堵作业一般是采用裸眼水泥塞、套管水泥塞、套管炮眼挤注水泥或机械桥塞等方法。但是，在隔离开套管外水泥返高以上的油气层或注水层时，则应采用二次固井等一些特殊作业。废弃井弃井作业后的井身结构示意图如图 5-1 所示。

（一）国内油田闲置井和废弃井管理常规做法

SY/T 6646—2017《废弃井及长停井处置指南》明确指出，废弃井作业的目的除了保护淡水资源，同时阻止地层流体在井内运移。可见，从政府层面，通过废弃井作业来保护自然资源的认识已经具备，但该标准并不具备法律约束力。Q/SH 0653—2015《废弃

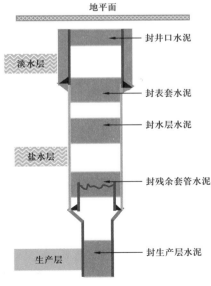

图 5-1　废弃井井身结构示意图

井封井处置规范》对油田废弃井进行了风险分类，规定在进行单井评价时，有任何一项指标达到较高等级，则全井按照较高等级确定风险。

（二）美国加利福尼亚州对油田废弃井封堵的法规要求

废弃井封堵的目的在于防止油、气、水资源的窜流或流失，保护淡水资源免受污染。因此，对废弃井封堵的基本要求是建立对油、气、水层的隔绝，并保持套管机械性能完整。美国加利福尼亚州油气和地热监管局对废弃井封堵有以下几个法规方面的要求：

（1）井口表面水泥塞。水泥塞长 25ft（8m），套管内外和所有的套管环空间都必须用水泥封堵，同时需要监察员现场监察。

（2）油气层封堵。在裸眼井内，油气层的上中下都要封堵 100ft（31m）长的水泥塞。在已放有套管的井中，所有射孔之上 100ft 或者在最高射孔处之上 100ft，如果完井时用的是筛管（liner），必须在最高筛孔处之上 100ft 进行水泥塞封堵。水泥塞的硬度和深度都需要监察员现场监察。

（3）套管管鞋的水泥塞。如果井内可以清理到套管鞋之下 50ft（16m），水泥塞必须封堵到套管鞋的上下各 50ft。如果井内未能清理到套管鞋之下 50ft，水泥塞必须封堵到套管鞋之上 100ft，并且需要现场测试水泥塞封堵后的硬度。对套管鞋的封堵完善也是防止将来持续性套管高压气的侵入。

（4）筛管的水泥塞。有很多井采用筛管完井法，在封井时，为了防止将来在结口处脱节或泄漏，在结口处之上必须封堵水泥 100ft。

（5）地下淡水层封堵。在裸眼井内，淡水层上中下都要各封堵水泥塞 100ft，如果已经安装套管固了井，则需在淡水层上、中、下各封堵水泥塞 50ft。所有的水泥塞都要现场测试硬度和深度。

（6）井内有落物。水泥塞必须封堵至井内落物顶部之上 100ft，监察员必须到现场监督水泥堵塞过程。

（7）注入泥浆。要求必须是新配制的封堵泥浆，密度为 72lb/ft^3（1.15g/cm^3），抗剪切强度为 26lbf/100ft^2（1.26kgf/m^2）以上，监察员必须到现场监督泥浆的测试和注入全过程。

第二节 封堵材料

为确保天然气井安全有效封堵，通常采用多重封堵安全屏障，并选用可靠的封堵材料，确保储层近井地带无流体进入。目前国内外天然气井封堵以打水泥封井为主，但面临抗酸性差、低压漏失、密封性差等问题。

一、水泥浆体系

水泥浆是目前最为常见、应用最广、成本最低的封堵材料，整体来说，储层封堵对封堵水泥浆体系性能的要求，概括起来，为"能施工，流得动，进得去，堵得住，封得严"，具体来讲，包括以下要求：

（1）高温高压稠化时间满足封堵施工总时间 + 安全附加（一般为 1～1.5h）；

（2）配制的水泥浆稳定性好，防止出现较多游离水；

（3）流变性好，以保证水泥浆充分进入封堵部位；

（4）失水量控制在 50～150mL，防止引起桥堵以及其他相关性能的恶化；

（5）形成的水泥石渗透率低，强度足够高，有利于目的层的长期封固；

（6）水泥干灰粒度较小，能穿透封堵层位较细小的缝隙深处。

（一）G 级水泥浆

G 级水泥是最常用的封堵剂体系，G 级水泥浆固结后水泥石的渗透率和抗压强度将直接决定老井封堵密封效果。

1. 常规水泥石抗气渗能力

常规水泥石的抗气渗能力可以通过渗透率测定进行评价。将 1.75～1.90g/cm³ 的 G 级油井水泥浆在 20MPa 压力条件下养护 72h 后，用渗透率测定仪分别测定不同密度岩心的气相渗透率和水相渗透率，结果见表 5-1。

表 5-1　常规 G 级水泥抗气渗、水渗能力试验数据

水泥心	岩心描述	长度 / cm	直径 / cm	气相渗透率 / mD	水相渗透率 / mD
A	G 级水泥，密度 1.75g/cm³	3cm	2.5	0.2075	0.0271
B	G 级水泥，密度 1.80g/cm³	3cm	2.5	0.0912	0.0145
C	G 级水泥，密度 1.85g/cm³	3cm	2.5	0.0465	0.0056
D	G 级水泥，密度 1.90g/cm³	3cm	2.5	0.0325	0.0032

由表 5-1 可以看出，随着水泥浆密度增加，各岩心气体渗透率和水相渗透率均呈下降趋势。实验数据同时说明，常规 G 级油井水泥在密度 1.85g/cm³ 的情况下其固化后的气相渗透率 ≤ 0.0465mD，表明该密度下 G 级油井水泥石抗气渗能力较强，可以对老井井筒起到密封作用。

2. 常规水泥石强度分析

水泥石的抗压强度直接决定着老井的承压能力，若水泥石本体抗压强度不能有效承受井筒内的应力，将无法保证老井的封堵效果。为此，需要对常规 G 级油井水泥浆固化后的抗压强度进行评价。实验中将不同密度的 G 级水泥浆制成标准模块，置于 25MPa 环境下养护 1～3 天，分别测定其抗压强度值，实验结果见表 5-2。

常规水泥石本身具有较好的抗气体突破能力，抗压强度在一定程度上可以反映出水泥石自身的抗水、气突破的能力。由表 5-2 可以看出，密度为 1.85g/cm³ 的常规 G 级水泥浆，在 90℃、压力 25MPa 环境下养护 1 天，抗压强度可以达到 16.2MPa，3 天抗压强度达到 21.4MPa，可见 1.85g/cm³ 的常规 G 级油井水泥具有较高的抗压强度。

表 5-2　常规水泥石抗压强度试验数据

水泥浆密度 / g/cm³	抗压强度 / MPa		
	1d	2d	3d
1.75	11	15.8	18.6
1.80	12.7	16.6	19.2
1.85	16.2	18.3	21.4

注：养护温度 90℃，压力 25MPa。

需要指出的是，水泥石的强度会随时间发生变化，一般认为，水泥抗压强度随时间的变化而逐渐衰减，衰减的速度受井筒环境的影响，即受到井温、酸碱度以及矿化度等的影响。在中低温、中性环境以及较低矿化度的条件下，水泥石强度的衰减速度很低。

（二）超细水泥

超细水泥的粒径比常规水泥的粒径小，在封堵过程中可以进入常规水泥不能进入的裂缝中，尤其适合于低孔隙度、低渗透率油藏的封堵作业。超细水泥的比表面积越大，水化反应速度越高，水泥颗粒与水的接触面大，使水泥石内部的极小孔隙变为不连通，从而大幅度地提高了水泥石的抗渗性能；水泥粒径越小，通过窄缝的能力越强，超细水泥通过 0.25mm 窄缝的体积百分比均在 95% 以上。但是，由于超细水泥颗粒细，比表面积大、水化速度快，胶凝和稠化时间短，对水泥浆的性能影响比较大。

1. 堵剂体系粒径的分析

表 5-3 列出了常用 800 目超细水泥的粒径分布范围，可以看出，最大粒径小于 30μm，平均 7.34μm，而常规 G 级水泥平均粒径达到 53μm。因此，超细水泥更容易进入储气层孔隙和裂缝当中；超细水泥比表面积大，达到 16240cm²/g，而常规 G 级水泥比表面积只有 3300cm²/g。水化反应的程度要比常规水泥高，而水化程度的高低反应水泥石微观结构的密封性好坏，常规水泥颗粒较大，水化程度低，水泥颗粒之间存在不完整结合，一定程度上影响了常规水泥石的密封性。

表 5-3　超细水泥粒径分布

水泥类型	超细水泥	G 级水泥
粒径	最大粒径<30μm 90% 以上的粒径<14.41μm 50% 以上的粒径<6.52μm 平均为 7.34μm	最大粒径≥90μm 平均为 53μm
比表面积 / （cm²/g）	16240	3300

超细水泥粒径范围将直接影响老井封堵效果，若选择粒径范围太大，水泥颗粒在注入过程中极容易堵塞储气层孔隙喉道，不能实现深部封堵，无法保证封堵效果；若选择粒径

范围太小，水泥颗粒在注入压差的作用下被推送至地层深部，无法建立起有效封堵屏障，完全封闭储层。卡曼—可泽尼方程可以近似计算出孔喉直径，为选择合适粒径范围的堵剂提供参考。卡曼—可泽尼方程表述如下：

$$D_c \approx 0.18\left(K / \phi\right)^{1/2}$$

式中 D_c——孔喉直径，μm；

K——储层渗透率，mD（或 $10^{-3}μm^2$）；

ϕ——储层孔隙度。

此外，超细水泥的比表面积过大，水化速度快，容易出现"闪凝"现象。在施工过程中需要添加合适配比的缓凝剂和其他添加剂来控制堵剂体系的初凝时间，确保施工的安全性。

2. 水泥浆流变性

测定不同水灰比的超细水泥浆及水灰比为 0.5 的普通 G 级油井水泥浆的流变性能，结果见表 5-4。

从表 5-4 可以看出，在不同的水灰比下，超细水泥浆的稠度系数小，说明超细水泥浆的流变性能好，施工后的顶替效率好，超细水泥浆的黏度适中，可保持细颗粒处于悬浮状态，形成非常稳定的水泥浆并渗入地层封堵渗漏层缝隙。

表 5-4 水泥浆的流变性能

水泥浆类型	水灰比	表观黏度 /（mPa·s）	流性指数 n	稠度系数 K/（Pa·s^n）
超细水泥	0.6	29	0.850	0.1468
	0.7	28	0.868	0.1050
	0.8	27	0.896	0.0831
嘉华 G 级	0.5	38	0.591	0.5789

3. 堵剂体系添加剂

为保证挤水泥施工的安全性和有效性，水泥浆性能应满足以下 3 点：（1）足够的稠化时间和凝结时间，缓凝剂要能够控制超细水泥的水化速度，对温度及添加量的变化无强敏感性；（2）失水量控制在一定范围内，要求降失水剂一方面要能够降低水泥浆失水量，另一方面能辅助控制超细水泥的水化速度；（3）有较好的流动性，在不影响水泥浆沉降稳定性的前提下，尽量增大水泥浆的流动度[37]。

1）降失水剂的选择

水泥浆在压力下流经渗透性地层时将发生渗滤，导致水泥浆液相漏入地层，这个过程通称为"失水"。如果不控制失水，液相体积的减少将使水泥浆密度增加，稠化时间、流变性偏离原设计要求，使水泥浆变得难以挤入地层，影响封堵效果。因此，通常在堵剂中加入具有降失水性的材料，从而控制水泥浆的失水量。

2）分散剂的选择

增大堵剂体系中颗粒的浓度，可以大幅提高封堵剂固化后的最终强度，从而提高井筒的承压能力。但随着超细水泥中颗粒浓度的增加，堵剂的流动性也随之降低，当流动度降低到一定程度时，会使现场泵送困难。为改善堵剂浆体的流动性能，需要加入一定量的分散剂。

分散剂，又称为减阻剂，是油井水泥中起重要作用的外加剂之一，它可以在低水灰比下赋予水泥浆更好的流动性，并在固化后获得高强度。目前已成功应用的油井水泥分散剂主要有 B- 萘磺酸甲酸缩合物和磺化丙酮甲醛缩合物。B- 萘磺酸甲醛缩合物是以萘为原料，通过磺化、缩合、中和等步骤合成得到，具有良好的分散能力，但产品中含有相当量的因中和过量硫酸而生成的硫酸钠，硫酸钠的存在会腐蚀水泥石；磺化丙酮甲醛缩合物是目前国内油井水泥分散剂中的主导产品，它是通过丙酮磺化、甲醛缩合得到的，具有良好的分散能力，使用温度可达 150℃，是目前国内最好的高温油井水泥分散剂。

3）缓凝剂的选择

目前油井水泥缓凝剂主要包括单宁衍生物、褐煤制剂、糖类化合物、硼酸及其盐类、木质素磷酸盐及其改性产品、羟乙基纤维素、羧甲基羟乙基纤维素、有机酸、合成有机聚合物等。

二、化学堵剂

暂堵剂常用于修井压井作业中，在井筒内形成暂堵塞，通过一定的液柱压力，克服地层压力，同时减少对储层的伤害，修井后易解除暂堵。常用的暂堵剂有泡沫暂堵剂、固相暂堵剂、固化水暂堵剂和智能凝胶暂堵剂等四大类[38]。

泡沫暂堵剂是无固相体系，可控制修井液造成的地层伤害，但稳定性差，难以满足超低压井封堵作业要求，对环境的污染较大。固相暂堵剂加入刚性暂堵材料，在正压差的作用下会随暂堵液的滤液进入产层，对产层造成伤害。固化水暂堵剂采用高分子吸水材料作为固化剂，可束缚其本身重量 100 倍以上的清水或盐水，使之不能参与自由流动，形成一定强度、可变形、易流动的软颗粒并能及时破胶。固化水暂堵修井液对一般的低压井有较好的暂堵效果且经济可行，但对超低压力、物性较好的储层，其暂堵效果不如凝胶，可能仍然出现漏失的情况。智能凝胶暂堵剂通过高分子聚合物交联形成凝胶，低浓度下也具有较好的造壁性能，稳定性好，入井后附在地层表面，从而减少地层漏失，破胶后对地层伤害小[39-40]。

（一）凝胶材料

1. 液体胶塞

1）基本原理

暂堵技术是利用暂堵剂在一定时间内封闭低压、漏失储层的一种压井保护技术。该技术通过选择合适的交联体系，在一段时间内，能够形成高强度和高黏度的冻胶，减少气体与压井液的置换，并克服地层压力，保证后续修井作业的安全可靠。如有必要，修井作业结束后，向井筒里注入解堵液及酸液，使冻胶迅速彻底地破坏，从而恢复生产[41]。

2）暂堵剂性能

（1）在地面不交联，易于泵注（初始黏度18～600mPa·s可调）。

（2）在井筒中交联，形成高黏弹性固体进行封堵（黏度≥30000mPa·s），交联强度可通过稠化剂浓度调节。

（3）高强度和黏弹性的固体胶状物，避免高脆性的气窜问题。

（4）高温老化48h后保持半固态—冻胶态，弹性好（图5-2）；解堵液加入1～4h完全破胶，黏度低于5mPa·s（图5-3）。

图5-2　胶塞在120℃老化48h后状态

图5-3　胶塞解堵后的破胶液

2. 国内外凝胶材料研究情况

近年来，国内外的研究机构在使用凝胶作为堵漏材料方面开展了大量的研究工作，并取得了一定的进展。传统的堵漏材料（如水泥浆）堵漏虽然假堵现象较少，但在碰到地层流体较多时（含水的异常高压层），会被地层流体稀释，无法凝固而导致堵漏失败；如果能在注水泥浆前注入一段用于封隔的凝胶，则会避免上述情况的发生，有效提高堵漏成功率。因此，凝胶类堵漏材料的开发与应用，对于解决恶性漏失以及含异常高压水层的漏层封堵有着重要的意义。

国内的渤海钻探公司研究出一种WS-1凝胶（魔芋粉改性高分子材料），并应用于SZ-36-1井。将WS-1凝胶与复合堵漏剂配合使用，解决了该井又喷又漏的复杂工况。西南石油大学研制出一种代号为ZND-2的特种凝胶，其最大特点是具有优良的剪切稀释性，在低剪切速率下（约7s^{-1}）可以通过分子内氢键缔合，产生高达1×10^4～3×10^4mPa·s的黏度，在高剪切速率下（约1000s^{-1}）则具有良好的流动性（黏度50～100mPa·s）。该堵漏剂具有很强的内聚力，不易被油、气、水污染，并且可以很好地在漏层中滞留，形成具有一定的黏度、弹性和结构的凝胶段塞。而且该特种凝胶可以与水泥浆相配合，用于漏喷同层的漏层，在徐深8-平1井和罗家2井等30多口恶性漏失井均取得了良好的现场应用效果。

国外的Sweatman等开发了一种聚合物堵漏体系（CP），该体系由两种聚合物交联组成，在Giove-2井的失返性漏失地层取得了良好的现场应用效果；Lecolier等开发了一种交联聚合物桥塞堵漏剂（CACP），该堵漏剂以交联聚合物为主，配合纤维和颗粒材料等填充架桥材料，在美国路易斯安那州和伊朗北部的恶性漏失井取得了良好的现场应用效果。

（二）低压油气层保护液（裂缝型固化水）

1. 基本原理

裂缝型固化水利用高吸水高分子材料控制井内自由水，并通过物理脱水作用在孔眼或井壁上形成暂堵层，并利用井下高温（120℃以上，可调）引起暂堵层的化学反应，使暂堵层形成胶质的人工井壁，阻断修井液在中低渗透储层的渗漏，解决了修井液渗漏问题，图 5-4 为裂缝型固化水暂堵原理。

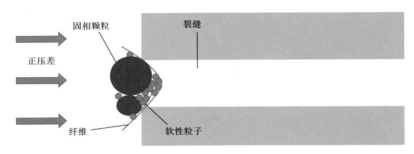

图 5-4　裂缝型固化水暂堵原理示意图

2. 物理性能

（1）黏度在 35～110mPa·s 之间可调；

（2）密度在 1.02～1.03g/cm³ 之间可调；

（3）固化水体系抗温上限为 140℃；

（4）固化水体系暂堵层至少能承受 12MPa 的正压差；

（5）固化水体系的岩心渗透率恢复值大于 85%，图 5-5 和图 5-6 为固化水压井液在常规井温和 120℃下物理失水后状态。

图 5-5　常规井温固化水压井液物理失水后状态　　图 5-6　120℃下固化水压井液物理失水后状态

三、无固相树脂封堵剂

（一）T&TS 封堵剂

T&TS 封堵剂是一种有机环保无固相液体树脂类材料，通过不同种类和剂量的添加剂，在设定"时间"和"温度"固化后实现封堵（图 5-7），广泛应用于套管螺纹泄漏封堵、套管头密封失效漏失封堵、套管破损封堵、炮眼封堵和废弃井封堵等领域。

1. 基本原理

液体状态材料首先深入微缝隙，通过设定时间和温度后固化成固态材料，形成封堵屏障，胶结程度高，封堵后承压能力强（图 5-8），实现套管及井眼的有效密封。

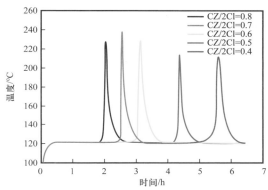
图 5-7　T&TS 封堵剂固化时间与温度的关系曲线
CZ/2Cl—封堵剂调配主剂占比比例

图 5-8　T&TS 封堵剂固化后图片

2. 物理性能

1）液态物理特性

T&TS 封堵剂液态物理特性见表 5-5。

表 5-5　T&TS 封堵剂液态物理特性

物理特性	要求
可调密度范围 /（g/cm³）	0.7～2.5
可调黏度范围 /（mPa·s）	10～2000
工作温度范围 /℃	−9～160
固化时间	几分钟至几十个小时（按需设置）
耐腐蚀能力	耐酸碱、二氧化碳、二氧化硫
是否溶于水	否

2）固态物理特性

T&TS 封堵剂固态物理特性见表 5-6。

表 5-6　T&TS 封堵剂固态物理特性

物理特性	要求
抗压强度 /MPa	>77
抗拉强度 /MPa	60
弯曲强度 /MPa	45
渗透率 /mD	$<0.5 \times 10^{-6}$
固化体存留期	永久

3）主要特点

（1）基于温度的"直角固化"；

（2）固化后能够承受固结的金属（如套管等）热膨胀和收缩而不开裂，并且与金属有很好的粘连性；

（3）固化后的抗压强度和抗拉强度远远超过传统泡沫水泥，且不受二氧化硫和二氧化碳等腐蚀环境影响而永久起作用。

纯的 T&TS 密度约 $1.03g/cm^3$，是优越的套管修补材料，黏度为 $20mPa \cdot s$，很容易进入套管螺纹间隙、水泥环 / 套管之间的裂缝（即使漏速很小）。特别是在地层压力系数低，常规水泥因密度较大而容易漏失时，利用该材料密度小的特点，可以代替传统水泥实现堵漏和封堵[42]。

（二）高强度树脂封堵剂

为应对现有封堵材料抗酸性差、存在颗粒等问题，考虑氨基固化剂和环氧化合物之间的交联反应产生的固化的三维无限聚合物网络（图 5-9）的方法，研发了一种具备抗腐蚀、耐高压、高塑性等特点的高强度无固相树脂封堵剂（图 5-10）。可实现地层和水泥环中的微米级孔隙 / 裂隙封堵，较常规水泥封堵，可有效避免封堵后井筒再次起压等问题。

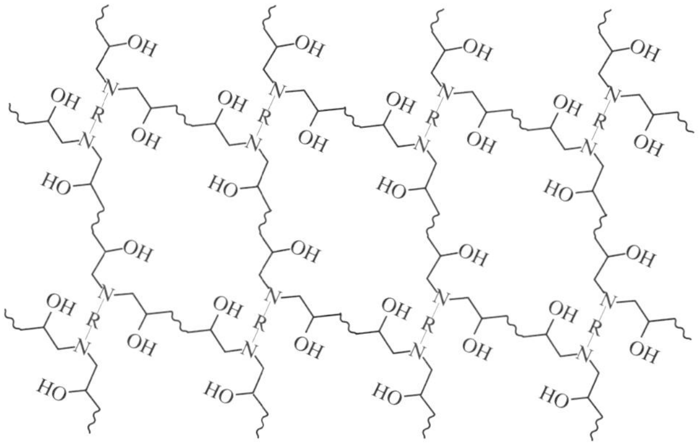

图 5-9　氨基固化剂和环氧化合物之间的交联反应产生的固化的三维无限聚合物网络示意图

图 5-10　无固相树脂封堵剂形态

四、高强度封堵剂

（一）高强度封堵体系特性

高强度封堵剂特性及物理性能如图 5-11 和图 5-12 所示。

（1）高承压强度：最高 7000～11000psi（48～76MPa）；

（2）耐高温 176℃；

（3）耐油、耐钻井液污染：最高耐受 50% 污染，耐二氧化硫、二氧化碳；

（4）可迅速固化建立强度（直角固化）：2h 内最高 5000psi（34.47MPa），24h 内最高 11000psi（76MPa）；

（5）不会随温度收缩造成缝隙；

（6）低黏度液体（室温下约为 50mPa·s），注入性好。

（二）其他优势

（1）5～10μm 粒径颗粒，不会侵入地层；

（2）可封堵微孔隙；

（3）可用 15% 盐酸酸化解除。

(a) 高固化强度及硬度

(b) 液体污染不影响固化

图 5-11　高强度封堵剂特性及物理性能（一）

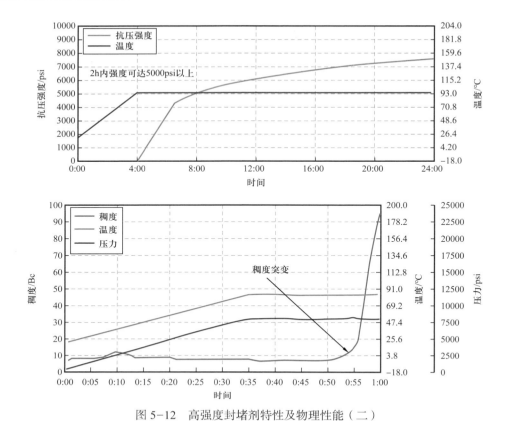

图 5-12　高强度封堵剂特性及物理性能（二）

第三节　封堵方法

老井的风险点主要集中在井筒及管外环空，因此井筒封堵应由产层封堵及重点井段封堵两个重要部分组成。产层封堵是整个封堵作业的关键控制点，主要采用挤注封堵技术，井筒内重点井段封堵主要采用注水泥塞及桥塞封堵等技术。

一、封堵方法分类

（一）水泥封堵方法

目前封堵技术主要会运用到水泥封堵工艺，水泥封堵主要有注水泥塞工艺和挤水泥工艺两大类。

1. 注水泥塞工艺

注水泥塞工艺是将一定量的水泥浆替到套管内或井眼的某一部位，使其形成满足注采需要的新的人工井底或满足工艺过程的封闭某井段的工艺技术。

1）工艺原理

当干水泥与适量的水混合成水泥浆后，水泥颗粒与水立即发生水化反应，使水泥浆中产生以水硅酸钙为主要成分的胶体，随着水化作用的不断进行，胶体不断增多，并逐渐聚集变稠。同时在胶体中产生形成水泥石的新化合物，逐渐在非晶质胶体中开始呈现微粒晶体，并逐渐硬化，使水泥浆失去流动性。在这一过程中，当水泥浆开始变稠并部分失去塑性时，称为初凝；当水泥浆完全失去流动性并刚能承担一定压力时称为终凝，终凝完毕后水泥浆硬化成石。

2）注水泥塞方法

按注水泥塞位置来分有实心水泥塞及悬空水泥塞两种。

根据井内压力及施工工艺分为循环法注水泥塞、灌注法注水泥塞、电缆/绳索倒水泥法三种方法。

（1）循环法注水泥塞。这是目前油田应用最广泛的方法。将配好的水泥浆泵入井内循环顶替至预定位置，候凝固结，形成封堵。施工作业时先将注水泥管柱下至预计水泥塞底部，并循环洗井至井内稳定。按设计配制好水泥浆后按前隔离液、水泥浆、后隔离液、替置液顺序和设计量注入井内。将水泥浆替置到设计位置，此时，管内外应处于平衡，上提管柱至预定水泥面以上1～3m。反循环洗井，洗出多余水泥浆。起管柱至安全位置，坐井口、灌满压井液、关井候凝。候凝一定时间后，探水泥面位置（深度）。按标准试压检验水泥塞密封情况，试压方法根据不同的井况采用相应的方法。

（2）灌注法注水泥塞。灌注法注水泥塞是往井筒内一定深度处灌注部分水泥浆，然后上提管柱至安全位置，关井候凝的一种工艺方法。这种方法多用于夹层较厚、水泥面要求不严格的井，被认为是成功率最高的封堵方式。

（3）电缆/绳索倒水泥法注水泥塞。

倒水泥法注水泥塞多用于封堵要求不高，水泥塞厚度较小的层段，施工作业时先采用电缆/绳索＋带规环的碎削打捞篮通井至预定水泥塞底部以下，定位校深并标定记号。配制水泥浆，将配制好的水泥浆灌入倒灰筒内。用电缆或钢丝绳送至预定的注水泥深度处，深度采用校深或标定的记号深度。将灰筒打开后提出倒灰筒关井候凝，候凝一定时间后，用电缆或钢丝绳探水泥面位置（深度），按标准试压检验水泥塞密封情况。

2.挤水泥工艺

目前针对废弃井的封堵作业，为了达到安全有效的封堵效果，多采用挤注水泥的方法。

挤水泥是一种利用液体压力挤压水泥浆，使之进入地层缝隙或多孔地层，使地层或地层与套管之间密封或固结的方法。

如按挤入方法来分，可分为平推法、钻具（油管）挤入法、单封隔器挤水泥法和循环挤入法。如按井下结构来分，可分为套管法、油管法和封隔器法，每种方法都有它适用的条件和优缺点[43-44]。

1）平推法

平推法在井内无任何结构，利用原油井、气井、水井套管作为挤水泥通道，从井口直接挤水泥的方法。优点是施工简单、安全可靠。缺点是不能分层作业，套管壁上易留水泥环。适用范围多用于油井、气井、水井上部套管损坏有漏失点，需封堵或因地质工程原因报废井的挤封。

2）钻具（油管）挤入法

钻具（油管）挤入法就是将钻具（油管）下到挤封井段设计位置，利用钻具作挤入通道的一种挤入方法。优点是挤入过程不动钻具，施工较简单且易反洗井，套管壁不会有大段残留水泥环。缺点是不能挤封中间层段的封堵或窜槽。适用于中深井作业，多用于中深井堵漏，封堵顶部水层，或与填砂、注水泥塞相结合挤封油层顶部窜槽。

3）单封隔器挤水泥法

单封隔器或与填砂、注水泥塞配合挤水泥法，井下结构较简单，挤水泥针对性强，使非挤封层得到较好保护，对上部套管破漏及非常规井避免了上部套管承受高压，做到了有目的挤封。不足的是填砂或注水泥塞增大了作业量。单封隔器挤水泥法适用挤封底部油层，与填砂注水泥塞相配合可挤封层间窜槽、挤封高含水层。采用电桥或桥塞挤水泥有利于简化施工，提高井况适应性及成功率。

4）循环挤入法

循环挤入法是将一定数量的符合性能要求的水泥浆循环到设计位置，然后上提工具柱后，施加一定液体压力使水泥浆进入目的层的施工工艺[45]。

5）特殊情况下的注水泥塞方法

（1）对漏失层的措施。

①填砂、填石子堵漏；

②长纤维物混入水泥浆中防漏失；

③采用云母片等规则杂物堵漏；

④垫稠泥浆或黏稠剂物质；

⑤采用底木塞堵漏；

⑥化学暂堵剂处理。

（2）高压井注水泥措施。

①压井；

②对高压低渗透层、高压高含水层等注水泥采用挤注工艺方法并带压候凝。

（二）桥塞封堵方法

目前封堵作业工具主要选用电缆桥塞和机械桥塞两种工具，两种工具各有优缺点。

1. 下入及坐封方式对比

（1）普通电缆桥塞：通过电缆下入，磁性定位后点火坐封，然后起出送入电缆。

主要优点：①施工工艺简单；②下入、起出时间短；③定位准确；④可直接通过电缆下入倒灰筒在桥塞上倒灰加固。

主要缺点：①存在不能点火坐封以及坐封后电缆不能起出的风险；②需采取其他手段验证坐封可靠性。

（2）机械桥塞：通过油管下入，下至预定井深后打压坐封，丢手后用送入管柱探到桥塞后加压验封后起出送入管柱。

主要优点：①施工工艺比较简单；②可用送入管柱验封；③定位基本准确；④坐封较可靠。

主要缺点：①与电缆桥塞相比，由于需起下油管柱，施工时间相对较长，作业费较高；②需采用电缆送入倒灰筒进行倒灰加固。

2. 规格型号及适用范围对比

（1）电缆桥塞：目前常用的有耐压差为 35MPa 和 70MPa 两种压力等级，适用于 API 标准的 ϕ127mm、ϕ139.7mm 和 ϕ177.8mm 三种套管尺寸的电缆桥塞。

（2）机械桥塞：目前常用的除了有耐压差为 35MPa 和 70MPa 两种压力等级，适用于 API 标准的 ϕ127mm、ϕ139.7mm 和 ϕ177.8mm 三种套管尺寸的机械桥塞外，还有适用于苏联标准的 ϕ152.4mm 和 ϕ254mm 等套管尺寸的机械桥塞。

3. 工具优选

1）耐压差等级的选择

主要根据封堵层位地层压力进行选择。一般情况下选择 35MPa 或 70MPa 的桥塞。

2）桥塞类型的选择

对于套管符合 API 标准的井首选电缆桥塞，其次选用机械桥塞；使用的套管为苏联标准的井则推荐采用机械桥塞。

（三）特殊情况封堵方法

实际上，需要封堵的废弃井和闲置井一般都曾在生产或注水期间受到各种破坏，常常需要用特别的方法去处理井内受损的情况，以满足法规的要求。如果处理不当，遗留问题会造成套管更大的腐锈和破坏，出现油气流失和地下水受污染等情况。在废弃井封堵过程中，一旦有意外情况发生，油气公司或服务公司应立即向监管局工程师报告，在监管局工程师的指导下采用有针对性的封堵办法[47]。

1. 套管破裂

套管破裂是一种比较常见的井内破坏现象，一般经压力测试后才能发现。油气井经长期生产、注驱（注水、气等）和闲置后，易因锈蚀而造成套管损坏。如果损坏位置在井底与射孔处附近，封堵程序与其他射孔一样；如果损坏位置离地面很近，就需要在破裂处下方安装水泥承托环，采用挤水泥的方式作业，在修复好破裂处后再对油气井进行封堵。

2. 套管被挤扁和弯曲

套管被挤扁和弯曲多见于有地层沉降的油藏区。如果情况不太严重，可以用挠性管作业机和挠性管通过被挤扁区和弯曲处到达井底，在循环清理井底泥砂后进行完整的封堵；如果套管被过度挤扁或过于弯曲，用挠性管作业也无法到达井底时，要考虑使用救援井去完成封堵。

3. 井内有落物存留

任何油井在封堵前都要尽可能把井内落物取出，因为落物会造成水泥无法完整封井，而且腐锈后可能会对封堵造成破坏。但是，在很多情况下落物无法取出，例如注入井的部分注入管和封隔器。对此类井进行封堵时，必须经循环注水清理后用 1.5 倍的水泥挤压到射孔内，用足够压力封堵套管内外和落物，完成封堵[48]。

4. 不合格的套管外环空固井

固井作业时套管外环空的水泥环固井质量是非常值得注意的，特别是在油气层、淡水层和隔绝区部位，必须要有合格的水泥环，可以用水泥胶结测井检测固井质量的好坏。在注水、注蒸气或二氧化碳的长期影响下，环空区内的水泥固结会受到破坏，不能起到隔绝作用，可能造成油、气、水在环空上、下窜流，导致油层、气层和水层及淡水层的交叉污染，这种情况也需要射孔挤压水泥到套管外环空段进行堵塞[49]。

5. 被严重破坏的注入井

为了保持油藏压力、温度和溶解度等，要对注入井进行高压注入。经过长期的高压注入，水蒸气、二氧化碳和活性溶液等注入流体会加剧对注入井套管和回注管的锈蚀和破坏。美国加利福尼亚州油气监管局对封堵此类遭严重破坏的注入井有特别要求。封堵井附近如果有注入井存在，注入液也会对已封堵的井造成破坏。因此，该油气监管局规定，如果注入井未能较完善地完成封堵，将被确定为封堵不合格，附近的注入井也不能再度注入蒸汽、水、二氧化碳和其他注入液[50]。

可见，注入井在钻井和完井过程中使用的材料一定要合格。注入期间，要根据油气监管部门的要求进行测试，观测套管和油管是否有损伤。如果注入井处于闲置期内，要根据相关法规定期进行测试，尽量缩短闲置时间，同时在未被完全损坏前进行封堵作业[51]。

二、封堵技术

（一）常规封堵技术

1. 注水泥封堵技术

在钻杆或油管内注入水泥浆并顶替到管柱内外高度一致时，缓慢上提管柱，使水泥浆留在原位。若井内流体与水泥浆不配伍，则在顶替水泥浆的前后都要使用隔离液来减少井内流体对水泥浆的影响。在注水泥浆过程中，井筒液体应处于相对静止状态（既不自溢也不漏失）。

2. 桥塞封堵技术

为了提高井筒内封堵质量，应充分利用桥塞的先期密封作用，并配合水泥的封堵能力对井筒实施封堵。目前用于井筒封堵的桥塞主要有电缆桥塞和机械桥塞两种。比较而言，电缆桥塞为标准件，具有准确卡层、起下更快且施工方便等特点，而机械桥塞在不规则套管内的适用性更强。在老井封堵作业过程中，要根据单井特点，灵活选择桥塞封堵工艺，最好将桥塞坐封位置选择在套管质量相对较好且固井质量评价合格井段。

（二）特殊封堵技术

1.高压挤注封堵技术

用油管、连续油管或钻杆挤水泥浆至设计封堵的层段，或直接在井口关闭油层套管环空进行挤注，水泥将会顺着工作管串（油管或连续油管等）而下至目的井段。高压挤入将使水泥浆脱水并留在炮眼、裂缝或地层表面，形成一个高强度的滤饼，凝固后的水泥形成一道阻止地层流体流入井筒的屏障。挤注法通常用于封堵井内地层或修补套管漏失。另外，在井内条件达不到静态平衡时，通常也使用该方法。一般挤注水泥是通过封隔器或水泥承留器来完成。挤注法不适用于封堵目的层以上套管漏失、修复或套管存在其他问题（如套管被射开位置存在疑问，或套管承受不住挤注施工压力等）的井[52]。

2.控压封堵技术

为保证挤入地层的水泥浆不外吐，保持井内稳定、防止地层流体流入井内产生窜槽，必须在一定时间内保持挤注压力，使水泥浆带压候凝。挤注压力太低，会降低封层效果，影响封堵质量；挤注压力太高，会使油层套管破裂，无法准确向目的层挤注水泥进行封堵，严重时还会压裂地层，无法封层。在挤注施工中，需要综合考虑多个因素，包括套管抗内压强度、井口装置额定工作压力、地层破裂压力等因素，通过计算控制挤注施工压力，安全有效地实施封堵[53]。

3.憋压候凝技术

水泥封堵成功的关键技术之一就是憋压候凝。水泥浆从初凝到终凝的稠化过程中，稠度随时间增加。稠度越高，泥浆的液柱重量就越难以传递到水泥及其所在的封堵层位，即水泥浆处于"失重"状态期[54]。在这一状态泥浆的液柱重量将无法克服高压层的压力，流体将通过还没有凝固的水泥浆从高压层窜流到低压层，在高、低压层之间形成窜槽。为避免这种现象发生而导致的封堵失败，采用上覆液柱压力和井口补压相结合工艺办法，使水泥浆在终凝前始终保持在不超过地层破裂压力的上覆压力控制下，抑制高压层的流体流动，保持地层和井筒流体稳定，同时压住炮眼不返吐水泥浆，确保封堵成功。采用憋压候凝技术使水泥凝固更加紧密，尽量多地进入地层，达到更好的封堵效果[55]。

三、封堵方案

四川盆地气井开发较早，目前存在大量的待永久性封堵老井。四川油气田常规气井封堵常用做法为井筒分级封堵法，目前该方法广泛应用于油气井永久性封闭。

（一）产层封井

1.封堵关键点

产层封闭是阻止油气运移的关键，产层封闭极为重要，是永久性封井的第一道屏障。由于产层一般来说未封闭，因此需要做好井控相关工作，保证产层的有效封闭。

2.技术对策

采用钻杆、油管或连续油管对井内裸眼段和射孔段等产层进行封井。在不影响同气藏开发前提下，对打开层进行挤注油井水泥作业。

若盖层段套管腐蚀严重，采用原井眼无法实现有效封闭原产层，可采用段铣或对该井段进行射孔挤注水泥等方式封闭[56-57]。

3.技术方案

所注水泥塞塞面位置应高于射孔或裸眼顶界50m以上。桥塞二次封闭，桥塞坐封于盖层或固井质量好井段，桥塞上水泥段塞长度不小于150m。对于低风险或井身结构不满足桥塞下入的，可直接采用水泥塞封闭。盖层封闭若需段铣则段铣盖层腐蚀严重井段套管（段铣长度不小于30m）后封堵或采用对该段套管射孔挤注水泥等方式封堵。气井产层封井示意图如图5-13所示。

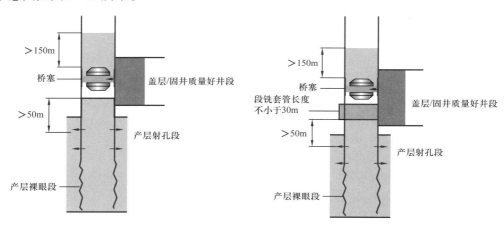

图5-13 气井产层封井示意图

（二）油层套管管鞋封井

针对油层套管有尾管悬挂的井，需对油层套管悬管位置进行封闭。

1.封堵关键点

针对油层套管为悬挂方式的井，悬挂位置是油气运移的一个通道，属于井筒的一个风险控制点。

2.技术对策

在保障产层有效封闭的前提下，注悬空水泥塞使风险点得到有效控制。

3.技术方案

注悬空水泥塞封堵油层套管管鞋，悬挂位置上下水泥段塞长度不小于50m，悬空水泥塞总段长不小于100m。

对"三高"气井管鞋封堵，水泥塞上50～100m需采用桥塞二次封固，桥塞上水泥塞段长不小于150m。气井油层套管管鞋封井示意图如图5-14所示。

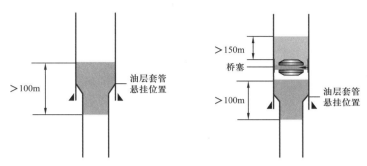

图 5-14　气井油层套管管鞋封井示意图

（三）井筒高危层封井

对地质上风险提示，因套管腐蚀或损坏地层流体易进入井内形成压力的层段或高压、高含硫层段，需采用悬空水泥塞或桥塞进行封闭[58]。

1. 封堵关键点

对长期的弃井，处于高压、高含硫层段的套管腐蚀状况不清楚，极易形成高压、高含硫气体运移的一个通道。

2. 技术对策

在保障产层有效封闭的前提下，注悬空水泥塞使风险点得到有效控制。

3. 技术方案

对因套管腐蚀、损坏等原因造成地层流体易从套管薄弱处进入井筒井段，采用悬空水泥塞进行封闭，水泥塞上下界面距待封闭段上下界面长度不小于 50m。

对井筒内高压、高含硫层采用先注悬空水泥塞封闭，再采用桥塞加水泥塞封闭，要求悬空水泥塞底界低于高危层底界不小于 150m，桥塞上水泥塞长度不小于 150m。气井井筒内高危井段封堵示意图如图 5-15 所示。

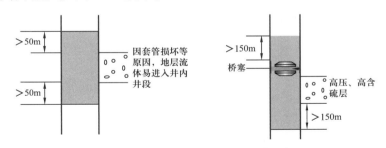

图 5-15　气井井筒内高危井段封堵示意图

（四）最浅油气层封井

对于在纵向上发育多套油气层的井，需对纵向上最浅油气显示层、淡水进行封闭。

1. 封堵关键点

由于长期的弃井，套管腐蚀状况不清楚，极易为油气显示层等形成油气运移的一个

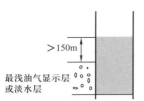

图 5-16　单井纵向未打开层封堵示意图

通道[60]。

2．技术对策

在保障产层有效封闭的前提下，注悬空水泥塞封闭最浅的油气显示层。

3．技术方案

明确地质上油气显示层，对最浅油气显示层及淡水层进行注悬空水泥塞封堵。要求水泥塞距离最浅油气层顶界段长不小于150m。单井纵向未打开层封堵示意图如图 5-16 所示。

（五）油层套管固井水泥返高不够井封井

原套管外固井水泥，未封闭最浅油气显示层，导致套管环间带压、甚至地表窜气井，需采用对套管穿孔后循环补固水泥法或者挤注水泥法对井进行封闭。

1．封堵关键点

套管环间未封固段是油气运移的一个通道，风险极大。因此应对该类型层段有效封闭。

2．技术对策

对最上部油气显示层段进行套管穿孔，检查未固井井段是否带压，若带压，则循环补固井[61]。

3．技术方案

循环补固井完后，在井内预留水泥段塞，从穿孔段顶界起，控制段塞长度不小于150m，如图 5-17 所示。

穿孔后，若未固井井段未带压，则挤注水泥对穿孔段进行封闭，从穿孔段顶界起，控制段塞长度不小于150m，如图 5-18 所示。

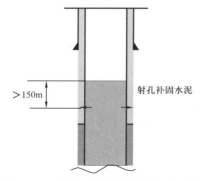

图 5-17　穿孔后井内带压封井示意图

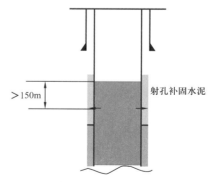

图 5-18　穿孔后井内不带压封井示意图

（六）全井段／长井段裸眼井封井

未下油层套管、或油层套管被人为去除裸眼井，采用全井筒注水泥或添加重晶石泥浆封闭地质上油气显示层，多次水泥塞封闭井深至技术套管或表层套管内方式实施永久式封井[62]。

1. 封堵关键点

由于裸眼井段地层容易垮塌，裸眼井封井前，应进行井筒清理。清理深度至少至最浅油气层底部以下。

2. 技术对策

采取钻头划眼方式尽量处理至产层位置，处理困难则至少处理至最浅油气显示层，然后注水泥塞实施有效封闭。

3. 技术方案

若采用重晶石泥浆充填，泥浆形成压力应小于地层破裂压力。重晶石泥浆充填完毕后，在其上注入段长不小于150m水泥塞，并候凝。

清水循环洗井壁干净后，根据余下裸眼段长度，分次注水泥封闭全裸眼段，要求最终预留塞面至套管内，具备条件下，套管内水泥塞段长不小于150m，若表层套管长度小于150m，则封井至井口。全井段 / 长井段裸眼井封井示意图如图 5-19 所示。

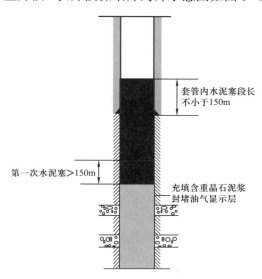

套管内水泥塞段长不小于150m

第一次水泥塞>150m

充填含重晶石泥浆封堵油气显示层

图 5-19 全井段 / 长井段裸眼井封井

四、封堵技术要求

（一）常规封堵要求

（1）压井。还在生产或者回注的井，井内会有一定的压力，闲置已久的井，井筒内也可能储存有较高的气压。这类井在封堵之前，先要进行压井。通常通过注入水或泥浆的方法压制井内回升压力，并且井口要求安置防喷器。

（2）对井内器械的清除。要求尽力清除井内器械，以达到封堵井的标准。如果要抽出油管，还需要使用修井机进行作业。如果泥砂充塞油井，还需要进行循环清洗，把泥砂带出井外[76]。

（3）封堵井下油气层。封堵井下油气层是封堵闲置井和废弃井的主要目标，一般用水泥来封堵所有射孔。为了保证射孔孔眼内外都有足够的封堵水泥，要进行挤压水泥作业。当一口井存在多层油气层时，封堵也需要分层作业。

（4）封堵的水泥和其他材料。水泥塞在24h内抗压缩强度最小值为1000lbf/in（6.89MPa），对液体的渗透率最大值为0.1mD。如果是用蒸汽热驱的井，所用水泥必须是G型，最低含有35%的石英灰，用以消除蒸汽对水泥的破坏[55]。

（5）井内封堵射孔和空穴射孔。在废弃井封堵的过程中，如果有落物无法捞出，压力挤水泥也无法证实油气层射孔的封堵是否完善，就要在落物较高处射孔，所有的射孔都需要挤压水泥堵塞。

（6）封堵井面的水泥塞要求。封堵油气和淡水层后，如果套管内还有间隔空间，可以用新鲜的封堵泥浆封堵。泥浆密度要求72lbf/ft³（1.15g/cm³），抗剪强度为26lbf/100ft²（1.26kgf/m²）以上。达到井面时，需要用水泥塞封堵25ft（7.62m），并且所有套管之间的环空隙都要用水泥封堵[63]。

（二）对废弃干井的封堵要求

废弃干井之前大多是开发井，可能位于新油田或者现有油藏扩产区内，这类井因无油气未下入生产套管，没有固井。为防止未来造成油气资源流失和地下淡水层污染，对此类井进行封堵是非常必要的。美国加利福尼亚州相关油气法规都对此做出了明确规定[86-88]。

（1）对油气层的封堵要求：干井并非指完全没有油气藏，只是此类油气藏油气饱和度不够高，未达到商业开发价值，需要立即封堵。

（2）对井内落物的封堵要求：虽然是裸眼井，但井内的落物将来可能会腐锈、造成污染等，必须取出后进行封堵。

（3）对淡水层的封堵要求：这也是裸井中最重要的一层封堵，虽然按照法规，淡水层是指溶解性固体总量在3000mg/L以下的水层，但在地下水出现的地层都应该安置表层套管并用水泥封堵其环空。有时淡水层会出现在较深地层，超过表层套管的深度，对此也要进行封堵，必要时用技术套管封隔。

（4）对套管鞋的封堵要求：虽然有些井井身结构设计中没有生产套管，但是为了防止井喷，法规要求安置表层套管和技术套管，其下就是裸眼井段的部分，为了防止油气和水窜流，对所有的套管鞋都要封堵。

（5）对表层井口的封堵要求：为了防止导管、表层套管之间的环空造成油气和水窜流，在表层井口之下25ft（8m）的环空也都要用水泥进行堵塞。

（6）对泥浆使用于间隔水泥塞的封堵要求：如果井深过深，每个水泥塞封堵之间可以用钻井泥浆封堵，以保持水泥塞的水力平衡，水泥塞不会因时间长久而掉落。

（7）监管局对地下淡水层保护的特别要求：在美国加利福尼亚州，规定地下淡水层水中溶解性固体总量小于3000mg/L，在这个指数之下的水层都需要保护[64]。

（三）对蒸汽热驱油井的封堵要求

美国加利福尼亚州 90% 以上的稠油生产井都采用注蒸汽驱油的方式。为了使套管在高温高压下能保持机械完整，减少对套管的破坏，该州相关法规对水泥有以下特殊要求：（1）在完井和封堵过程中，要求水泥含有 35% 的石英，防止水泥在高温下逐渐分解；（2）水泥塞的抗压强度最低为 1000lbf/in^2（6.89MPa），液体渗透率最高为 0.1 毫达西。

老井固井水泥没有参照以上要求，由于长期在高温高压下注驱和生产，很多老井套管环空内的水泥已受破坏。封堵后，环空内的油气很可能会窜流，因此在封堵时需要再补射很多间隔的射孔，挤入符合标准要求的水泥，保证套管的机械完整性。

（四）对水平井的封堵要求

封堵水平井的要求与垂直井不同，特别是在水平段。如果水平段在油气层内，用水泥全部封堵就相当于在油气层内设定了封隔层，是很不明智的做法。美国加利福尼亚州油气监管局只要求在水平段的起始处，距离入口处水平 25ft（8m）设置桥塞就可以了，并且在垂直井段以上的较高处放置水泥承托环，对垂直井段部分进行水泥挤压封堵。在水泥承托环之上，封堵要求和普通垂直井一致。

（五）对侧钻井的封堵要求

侧钻井是目前最常采用的对油气藏进行连续开采的方法之一。如图 5-20 所示，有三种不同情况的侧钻井。不同情况，对封堵要求也不同。下图中，井 A 和井 C 是侧钻进入油气层内，如果用水泥进行封堵，会造成封隔效果，这对油气层将来的生产存在不良影响，可能减少 30% 左右的产量[65]。对于水平井的情况（井 C），是在水平 25～30ft 处设计了桥塞。对于在油气藏内侧钻的垂直井（井 A），要求用膨润土进行封堵，因为膨润土很容易被清理，如果将来此处油气藏有开采价值，清理更容易；对于井 B 这种情况，因侧钻位置在油气藏之外的高处，如果在原井筒浅处的套管受到破坏或者垂直井段很深，对受破坏的套管井部分需要用水泥封堵，如果有淡水层等也要根据法规规定进行封堵[66]。

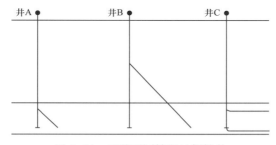

图 5-20　三种不同情况的侧钻井

（六）对放射物废弃井的封堵要求

放射性物质对于人体损害很大。美国加利福尼亚州油气和地热监管局对放射物的封堵要求包括[66]：

（1）所有放射性污染物、泥浆和水泥，都要根据该州职业安全健康保护局规定的方法和要求进行处理；

（2）封堵水泥要使用标识性好、易识别的红色水泥，如果将来意外钻到有此放射物的废弃井，要立刻停钻；

（3）在表层套管处设置造斜器（变向器），以避免意外钻遇时造成放射物再度污染；

（4）在地面对封堵井作明显标识；

（5）封井之后要向州卫生部门报告备案。

第四节　封堵后井口处置

对于井口的完井方式，要根据实际情况对不同位置的井提出不同的方案[67-68]：

（1）有条件的一般封堵井完井井口采用简易井口装置，在套管头上直接安装1号阀门+截止阀+压力表；

（2）位于河滩且后期不易于监管的井，采用在套管头上安装盲板（不带钢圈），并修建水泥墩封闭井口；

（3）对于评估后无风险且需要复耕的井，割去上部套管，填平方井；

（4）高含硫井或封堵后井内留有管柱的井，井口保留四通和1号阀及压力表。

一、陆上废弃井井口处置

按照气井永久性封井技术要求处理后的气井，应检测各封堵井屏障合格、井口及套管环空不带压，且宜观察3个月后无起压现象，可实施恢复地貌，复耕作业。

（一）复耕井井口处理

（1）按照废弃井永久性封井要求处置后的油气井，应检测各封堵井屏障合格、井口及套管环空不带压，可实施恢复地貌、复耕作业。

（2）将井口段套管及留在井筒内的任何工作管柱从地表以下1～2m处（有特殊要求除外）割掉；如果套管环空无水泥，则应用水泥浆填满无水泥空间。

（3）对城市化建设需要占用井场的油气井，地面应做好井口标识。

图5-21　井口安装示意图

（二）非复耕井井口处理

（1）采用简易井口装置完井（图5-21），在套管头上直接安装平板阀+压力表，若油气井封堵后，仍存在套管环空带压现象且无有效消除套管环空带压技术手段，应保留套管环空压力控制装置，确保井口装置具备测压、泄压条件。

（2）修建井口保护装置，并加装井口标识，预留应急处理场地及设备进出通道。

（3）定期进行监测，制订适宜的监测制度。

二、水下废弃井井口处置

（1）逐层切割、回收套管和套管头。所有套管、钢桩、井口装置等的切割位置应深于水底泥面 4m。

（2）定期进行监测，制订适宜的监测制度。

第五节　典型案例

一、井场周边人居复杂情况老井封堵

一大部分井由于城镇化建设的推进，加之长期缺乏管理，周围地面环境相当复杂，存在一定安全隐患，以 G264 井为例进行分析。

（一）G264 井基本情况

G264 井于 1975 年 10 月 11 日对大一、大二、大三层射孔，射孔厚度 21.6m，10 月 17 日对大一、大二、大三层进行一次分层酸化，平均日产油 0.59t，1975 年 11 月 10 日间喷生产至 1976 年，累计产油 28t，1977 年至 1982 年关井，1983 年 3 月至 8 月每月开一次，月产油 3.5～0.1t，到 1983 年底累计产油 42t。1984 年以来井长关，累计产油 42t。

1975 年 7 月 18—28 日，打铅印证明 265.51～269.75m 处套管破裂，8 月 1 日下双木塞在套管破裂处打悬空水泥塞，8 月 3 日探得水泥塞面井深 198.18m，比套管破裂位置上界高 68.82m。

（二）主要隐患

（1）1984 年以来井长关，累计产油 42t，目前已无生产能力。

（2）该井井口围墙周围三个方向均紧挨石头堆砌的山坡，滑坡时有压垮井口的可能性，如图 5-22 所示。

（3）井口所在位置为唐家渡电航及凤台大桥工程淹没区。

图 5-22　G264 井井口及周边情况照片

（三）治理方案

该井井口阀门无法泄压，故采用带压钻孔方式对井口进行整改；分析该井处于复杂环境，结合评估该井井筒风险较大，采用补测固井质量情况，补固井方式有效封闭环空。拟采用作业机作为本次作业修井设备。具体封堵方案如下[93]：

（1）带压整改井口、敞井。

对 B 环空带压钻孔，无液、无气。对套管带压钻孔，套压 1.2MPa。敞井降压，井口压力降至 0，预估产气 200m³，无液。

（2）换装井口。

拆原井井口装置，装变径法兰、试压四通、双闸板防喷器，对防喷器试压 35.0MPa，合格。

（3）下油管。

下 ϕ73mm 端加厚光油管至井深 606.21m 遇阻，冲洗至井深 622.16m 无进尺。

（4）打捞落鱼。

下 ϕ73mm 油管带 ϕ105mm×0.35m 铅模至井深 622.16m 遇阻，加压 10kN，起出铅模，判断落鱼为钢丝绳。打捞钢丝绳，捞获钢丝绳约 330m，抽油杆 4.67m，液面监测仪测得液面 217.85m。

（5）钻磨。

下 ϕ73mm 光油管至井深 793.26m 遇阻，下 ϕ73mm 钻杆带工具钻磨至井深 1286.34m。根据工序调整，直接注水泥塞封闭产层。

（6）注 1 号水泥塞。

下 ϕ73mm 油管在井深 1284.18m，正注注清水 2.0m³、密度 1.90g/cm³ 的嘉华 G 级水泥浆 3.5m³，顶清水 2.7m³，关井候凝 48h。下 ϕ73mm 油管探得水泥塞塞面 1001.34m，用清水试压 10.0MPa，稳压 30min，压降 0.3MPa，合格，B 环空 0MPa。

（7）测固井质量。

测 ϕ139.7mm 油层套管 6～960.0m 井段水泥胶结情况。水泥胶结优良井段为 2.5%，水泥胶结中等井段为 2.6%，水泥胶结差等井段为 94.9%。全井段固井水泥胶结合格率为 5.1%，测井评价为不合格。

（8）下电桥。

下电缆带电动桥塞至井深 956.09m 坐封丢手，用清水对桥塞和井筒试压 10.0MPa，稳压 30min，压降 0.2MPa，合格。

（9）注 2 号水泥塞。

起 ϕ73mm 油管至井深 953.52m，正注清水 2.0m³，密度 1.90g/cm³ 嘉华 G 级水泥浆 3.1m³，顶清水 1.8m³，憋压 5MPa，关井候凝 48h，至井深 695.71m 探得水泥塞塞面，用清水对水泥塞试压 10.0MPa，稳压 30min，压降 0.2MPa，合格，B 环空 0MPa。

（10）套管穿孔。

对套管井段 603.22～605.22m 穿孔，射厚 2m，孔数 12 孔，孔密 6 孔 /m，相位角 60°。起出射孔枪检查发射率 100%。从套管试挤清水 5 次，B 环空未返液，试挤不成功。

对套管井段 564.23～566.23m 再次穿孔，射厚 2m，孔数 12 孔，孔密 6 孔 /m，相位 60°，起出射孔枪检查发射率 100%。套管挤注清水 5 次，B 环空未返液，试挤不成功。

（11）下水泥承留器试挤。

下 ϕ73mm 油管带 ϕ110mm 水泥承留器至井深 583.71m 处坐封，正注清水套管返液，B 环空 564.23～605.22m 处畅通。

（12）注 3 号水泥塞封 B 环空。

正注清水 2.0m³、密度 1.90g/cm³ 嘉华 G 级水泥 3.0m³，顶清水 1.0m³，起出井内水泥承留器丢手管柱憋压 5MPa，关井候凝 48h，至井深 402.56m 探得塞面，用清水对水泥塞试压 10.0MPa，稳压 30min，压降 0.1MPa，合格，B 环空 0MPa。

（13）注 4 号水泥塞。

正注清水 2.0m³、密度 1.90g/cm³ 嘉华 G 级水泥 4.9m³，顶替清水 0.1m³，起出井内油管憋压 5.0MPa，关井候凝 48h，用清水对水泥塞试压 10.0MPa，稳压 30min，无压降，合格，至井深 29.37m 探得塞面，连探三次，位置不变，起出井内油管，B 环空 0MPa。

（14）装完井井口。

拆防喷器组、变径法兰，装 18-21 盖板法兰，用清水对完井井口试压 10.0MPa，稳压 30min，压降 0MPa，合格。完井井口加固水泥基墩，结束封堵作业。

（四）井身结构示意图

G264 井封堵前后井身结构图如图 5-23 所示。

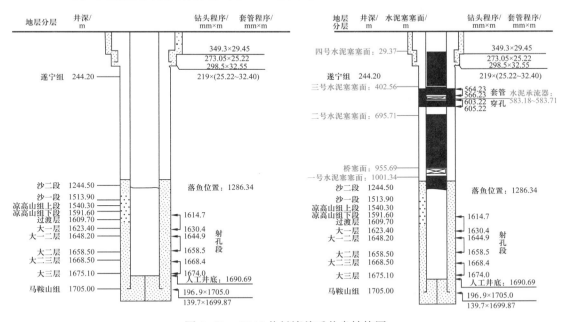

图 5-23　G264 井封堵前后井身结构图

（五）治理效果评价

G264 井施工符合标准要求及设计要求，注塞施工参数见表 5-7。

表 5-7　注塞施工参数

序号	封闭名称	注塞井深/m	设计塞面/m	塞面井深/m	水泥浆密度/g/cm³	水泥浆量/m³	水泥塞厚度/m	候凝时间/h	试压情况
1	1 号水泥塞	1284.18	1000	1001.34	1.90	3.5	282.84	48	清水试压 10MPa，稳压 30min，压降 0.3MPa，试压合格
2	电动桥塞	956.09	980	955.69			0.4		清水试压 10MPa，稳压 30min，压降 0.2MPa，试压合格
3	2 号水泥塞	953.52	700	695.71	1.90	3.1	257.81	48	清水试压 10MPa，稳压 30min，压降 0.2MPa，试压合格
4	3 号水泥塞	583.71	500	402.56	1.90	3.0	181.15	48	清水试压 10MPa，稳压 30min，压降 0.1MPa，试压合格
5	4 号水泥塞	400.29	井口附近	29.37	1.90	4.9	370.92	48	清水试压 10MPa，稳压 30min，压降 0.1MPa，试压合格

经过连续观察 30 天，井口压力为 0MPa，B 环空 0MPa，井口套管无窜漏现象及周围无渗漏现象，表明封堵效果好，质量安全可靠，取全取准各项施工资料，安全完成设计任务，消除 G264 井安全隐患，达到报废封堵目的。

二、井场周边因特殊自然环境封堵

有的井也由于地表生态发生变化，地理位置位于河滩等特殊环境，下面以 G61 井为例进行分析[94]。

（一）G61 井基本情况

1975 年 12 月 8—26 日，对大一层、大二层、大三层射孔试油，射孔井段 1710.0～1646.4m，射厚 25.7m，射孔后冒气显示，酸化后测试产油。1976 年 1 月间喷投产至 1993 年 12 月，月产油 1.11～9.76t，静压 8.09～5.45MPa，累计产油 917t；1993 年 12 月 18 日对大安寨酸化，地层挤入酸量 20.0%×15.6m³，无效；1994 年至 1997 年关井，1998 年至 2003 年年开 1～3 次，产油 16t；2004 年以来井长关，井累计产油 933.0t。

（二）主要隐患

（1）井口装置腐蚀，至今处于关井状态，周围为砂石厂，如图 5-24 所示。
（2）井口为唐家渡电航及凤台大桥工程防洪堤范围。

（三）治理方案

经评估该井井筒风险不大，采用常规下管柱挤注水泥方案，并针对地理位置敏感情况采用桥塞＋水泥塞进行二次封固，装套管头法兰（不带钢圈）完井。拟采用修井机作为本次作业修井设备。具体封堵方案如下：

（1）压井、换装井口。

降压，正反挤清水，敞井观察44.5h，油压0MPa，套压0MPa，出口无液、无气。拆采油树，安装试压四通，2FZ18-35封井器，用清水对封井器试压20.12MPa，试压合格。

图5-24　G61井井口及周边情况

（2）起出原井管柱。

起出原井管柱和工具，井下无落鱼。

（3）注水泥塞。

下 ϕ73mm光油管至井深1303.28m，正注清水2m³、平均密度1.87g/cm³嘉华G级水泥浆6.0m³、顶清水1.5m³，起油管至井深518.62m，关井候凝49.5h，下 ϕ73mm光油管至井深1520.36m探得塞面，加压10～30kN反复三次，位置不变。下 ϕ73mm光油管至井深1513.07m，正注清水3.2m³、平均密度1.87g/cm³嘉华G级水泥浆2.1m³、顶清水3.6m³，起油管至井深650.71m。关井候凝48.5h，下 ϕ73mm光油管至井深1302.59m探得塞面，加压10～30kN，反复三次，位置不变，用清水对井筒及水泥塞试压10.1MPa，稳压30min，压降0.35MPa，试压合格。

（4）下桥塞。

下 ϕ73mm油管带 ϕ105mm通井规至井深1215.60m无阻卡；下 ϕ73mm油管带GX127T套管刮管器至井深1215.0m无阻卡。

对B环空带压钻孔，无液、无气，并装套管抱箍和阀门一只。

下电缆带WBM×5in电缆桥塞至井深1196.55m坐封，下 ϕ73mm光油管至井深1196.15m探得桥塞面，用清水对井筒及桥塞试压10.0MPa，稳压30min，压降0.23MPa，试压合格。B环空压力0MPa。

（5）注水泥塞。

下 ϕ73mm光油管，正注水泥浆、顶清水，关井候凝，探得塞面52.16m。用清水对井筒及水泥塞试压9.5MPa，稳压30min，压降0MPa，试压合格。

（6）装简易井口。

拆2FZ18-35封井器和套管头四通，装套管头大盖法兰及油管死堵（法兰未装钢圈）。结束作业。

（四）井身结构示意图

G61井封堵前后井身结构图如图5-25所示。

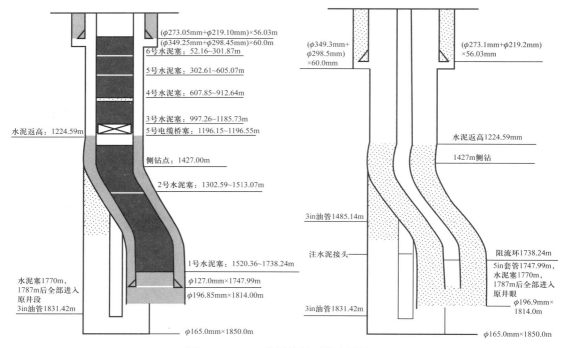

图 5-25　G61 井封堵前后井身结构图

（五）封堵后井口装置

G61 井封堵后井口如图 5-26 所示。

图 5-26　G61 井封堵后井口图

（六）治理效果评价

G61 井施工符合标准要求及设计要求，注塞施工参数见表 5-8。

表 5-8　G61 井注塞施工参数

序号	作业日期	封闭名称	注塞井深 / m	设计塞面 / m	塞面井深 / m	水泥浆量 / m³	水泥塞厚度 / m	候凝时间 / h	试压情况 / MPa
1	2019.11.22—2019.11.24	1 号水泥塞	1738.24	1300	1520.36	6.0	217.88	49.5	未试压
2	2019.11.29—2019.12.1	2 号水泥塞	1513.07	1300	1302.59	2.1	210.48	48.5	10.1 30min 9.75（井筒内清水试压）
3	2019.12.7—2019.12.8	电缆桥塞	1196.55	1200	1196.15		0.40		10.0 30min 9.77（井筒内清水试压）
4	2019.12.9—2019.12.11	3 号水泥塞	1185.73	1000	997.26	1.9	188.47	49	9.7 30min 9.52（井筒内清水试压）
5	2019.12.12—2019.12.14	4 号水泥塞	912.64	600	607.85	3.0	304.79	48	9.5 30min 9.4（井筒内清水试压）
6	2019.12.15—2019.12.17	5 号水泥塞	605.07	300	302.61	3.0	302.46	48	9.0 30min 9.0（井筒内清水试压）
7	2019.12.18—2019.12.20	6 号水泥塞	301.87	50	52.16	2.5	249.71	48	9.5 30min 9.5（井筒内清水试压）

2019 年 12 月 22 日起连续观察 30 天，井口压力 0MPa，周围无异常，表明封堵效果好，质量安全可靠，取全取准各项施工资料，安全完成设计任务，消除 G61 井安全隐患，达到报废封堵目的。

第六章

封堵效果评估及管理

　　油气井封堵效果评估是指，按照标准规范要求，对油气井实施暂闭 / 封堵作业质量的再次确认，需确保施工过程严格按照设计标准执行，井筒内井屏障设置的位置、数量、压力测试结果均达到要求，对于未达到暂闭 / 封堵标准要求的井，需采取进一步措施，保障油气井安全受控。而对油气井进行暂闭 / 封堵后也非一劳永逸，需从实际情况出发开展后续的监管工作，按照"一井一策"的要求，制订详细的管理措施，建立安全管理长效机制，杜绝安全事故发生[69]。

第一节　封堵效果评估

隐患井实施暂闭/封堵作业后，需按环境保护相关规定做好标识，同时开展资料录取及封堵质量评估工作。具体包括：

（1）现场做好全过程的监督工作，取全、取准各项资料。

（2）封堵完成后，由项目建设单位组织相关专家及技术人员，对措施井封堵效果及安全环保进行评估验收，并出具验收意见。如评估措施井封堵不合格，则要求实施二次作业。

一、资料录取及整理

油气井实施封堵作业后须在规定期限内编制、整理形成封堵井弃置作业报告等相关资料，并上报建设单位。建设单位应定期对呈报资料进行归档，并按管理机构要求的格式以永久性文件存档，管理单位应永久保存气井封井作业的相关资料，井位、井号标识在各种平面图上仍应存在，并加特殊标记[71]。

完井资料提交要求：完井后修井队需向建设方和设计方提交试油修井井史、试油修井工程完井竣工报告、试油修井地质综合记录及原始记录及完井交接井书等。

二、措施井封堵效果评估

开展作业后封堵效果评价主要是对措施井封堵后井完整性、井屏障质量进行评估，确保措施井封堵质量及效果。

（一）封堵井井筒完整性

总体要求：封堵井应至少有两道封闭目的层（产层或渗透层）的永久性井屏障。要求第一井屏障应设置在已知流动层或潜在流动层上部。第二井屏障是第一井屏障的备用。当第二井屏障经验证合格，可作为另外一个流动层的第一井屏障。优先采用连续厚度大于150m 的水泥塞作为屏障部件，桥塞上部加注一定厚度（不低于 50m）的水泥塞可作为一个屏障[72]。

其他要求还包括：

（1）在淡水层和浅油气储层上部需设置井屏障，并在井口附近注一至少 50m 厚的悬空水泥塞封隔地面水进入井内，要求塞面距地面 2～6m；

（2）若套管头和采油树等井口设备被移除，则井口部分应有第三个井屏障；

（3）若存在井筒套管薄弱段（含尾管喇叭口、回接筒及腐蚀或破损套管等）必须设置针对封隔薄弱段套管可能存在的渗流源的井屏障；

（4）对环空带压井，在弃置过程中需采取措施建立屏障，阻止流体上窜至地面，消除环空带压；

（5）套管内连续厚度 150m 以上的水泥塞或桥塞加 50m 厚水泥塞和套管外至少 25m

连续良好封固性能的水泥环可作为一个有效屏障[73]。

典型天然气井封井井屏障设置示例图（包括常规天然气井及高压高含硫天然气井封堵作业井屏障设置）如图 6-1 和图 6-2 所示。

（二）封堵井屏障质量评估

井屏障通常要求由水泥塞和支撑材料组成，支撑材料可以为桥塞、水泥承留器、高黏液体、高密度泥浆等。要求具有长期永久性的完整性、非渗透性、无收缩性、机械性能好等特征，可承受一定载荷及压力和温度的变化，能阻抗化学物质（二氧化硫，二氧化碳、烃类、盐水、水和油）的侵入，与管材和地层胶结牢固，确保密封性，同时不会损坏所接触管材的完整性[96-98]。

三、永久性封堵井井筒屏障验收标准

永久报废井井筒屏障应该永久封隔住任何可能的化学和地质的处理的井筒层段，同时封隔包括所有环空和需要封隔的垂直与水平层位[99]。永久性报废井的井筒屏障位置按表 6-1 考虑。

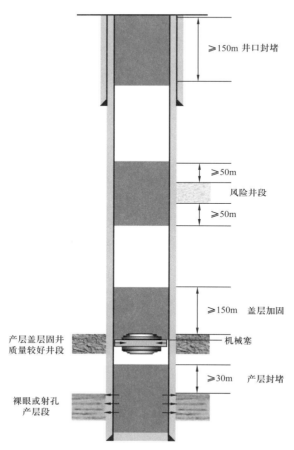

图 6-1　常规天然气井封井井屏障设置示例图

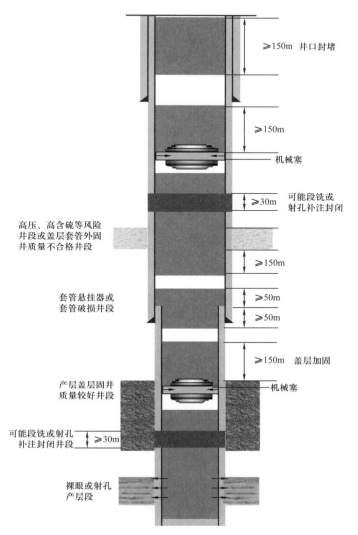

图 6-2　高压高含硫天然气井封井井屏障示例图

表 6-1　永久性报废井井筒屏障位置设置

名称	功能	位置 / 深度
第一道（初始）井筒屏障	封隔其有正常压力或超压的 / 不渗透层的入流源	井筒屏障应位于地层完整性大于潜在的压力层以下的深度位置
第二道井筒屏障	高于第一道井筒屏障以上，以阻止入流源	井筒屏障应位于地层完整性大于潜在的压力层以下的深度位置
对流井筒屏障	防止地层之间的流体流动	井筒屏障应位于地层完整性大于潜在的压力层以下的深度位置
裸眼至地表段井筒屏障	在套管被切割和回接以及充填环保性有益流体后，永久地封隔流体从裸露层位向地表流动	对地层完整性的地层位置没有深度限制

第二节　封堵后管理措施

隐患井实施暂闭/封堵作业后需按环境保护相关规定做好标识。同时，向项目建设方和设计方提交相关资料（包括：试油修井井史、试油修井工程完井竣工报告和原始记录及完井交接井书等）。对于没有井场的隐患井，在实施封井作业后，还需按要求完善井口，建井口房，并按相关要求做好指示。

一、井口处置与管理

（一）复耕井井口处置

1. 复耕需满足条件

按照天然气井永久性封井技术要求处理后的气井，应检测各封堵井屏障合格、井口及套管环空不带压，可实施地貌恢复，复耕等作业[74]。

2. 恢复地貌要求

将井口段套管及留在井筒内的任何工作管柱从地表以下 1～2m 处（有特殊要求除外）割掉；如果套管环空无水泥，则应用水泥浆填满无水泥空间[75]；其余参照 SY/T 6646—2017《废弃井及长停井处置指南》中 5.1.1.5 相关要求执行。

（二）非复耕井井口处置

1. 完井井口装置

采用简易井口装置完井，在套管头上直接安装平板阀＋压力表，压力表正对井口房门（图 6-3）；若气井封堵后，仍存在套管环空带压现象且无有效消除套管环空带压技术手段，应保留套管环空压力控制装置，确保井口装置具备测压、泄压条件。

2. 井口保护措施

（1）非复耕井宜修建井口保护装置，并加装井口标识。

（2）井口房修建宜采用无顶四面通风有门结构，尺寸宜长 2～3m×宽 2～3m×高 2m，实施时利用原井口方井基础进行建设，井口至排水孔具有一定的斜度，避免井口房内积水，四周墙角均留排水孔，中下部留通风孔，房门带机械锁定功能。

（3）井口房上宜嵌单井指示牌，上书"×× 井号、危险场所、禁止入内、报警电话×××××××"四排字（其中，"×× 井号、危险场所、禁止入内"三排字高 100mm×宽 400mm，上下间距 30mm，"报警电话 ×××××××"高 40mm×宽 400mm），如图 6-4 所示。

3. 后期检测及管理

（1）对未达到复耕条件的气井，需保留封井时完井井口装置，并实施监测，监测制度应包含以下内容，见表 6-2。

图 6-3　井口安装示意图　　　　图 6-4　井口警示牌标识示意图

表 6-2　不具备复耕条件气井监测制度

监测内容	监测参数	初始监测时间	监测周期
井口压力	压力变化	1 个月	3 个月
	同油气藏开采方式的改变	需要时	
流体性质	酸性气体含量	需要时	
井口 50m 范围内人居环境变化	设备、井场、井口围墙及周围人居环境等	1 个月	6 个月

（2）封井后，建设方应及时组织专家对封井效果进行评估及验收。

二、井屏障监控要求

（一）暂闭井的屏障监控要求

对于暂闭井要求井内留有一定深度的管柱，采油气井口装置组合完好便于监控和应急处理以及使井筒流体与地表有效隔离。暂闭井应对井的第一井屏障和第二井屏障进行定期的跟踪监控，推荐井的暂闭时间不超过 3 年。

定期跟踪记录井口油压和各个环空压力情况，若遇到井口起压时应加密观察记录，必要时进行测试，为后期作业方案提供资料。

（二）弃置井的屏障监控要求

定期（1～3 个月）观察井口有无流体外溢，如发现井口有溢流应及时处理，消除隐患。

三、弃置井防控治理

（一）建立专项信息库

油气生产企业要采取 GPS 定位查找、挖深排查、现场拍照、视频资料、文字描述等方式方法，对弃置井的井号、井口位置、井口装置、油井压力、处置原因、地层及井口封固等情况进行了全面细致的排查，建立视频、图片资料档案。

（二）完善应急预案

针对不同情况下弃置井，油气生产企业要按照"一事一案、一井一策"的原则，完善应急预案，并定期组织安全、环保、消防等相关单位开展应急预案演练活动，不断提高现场预防复杂情况的处置能力，提高企业在复杂情况下的应急救援和处置能力。

（三）做好宣传告知

油气生产企业应采取多种方式实行告知管理，开展普法安全宣传。弃置井所处环境复杂，处置方式多样。油气生产企业应采取多种公开宣传手段，进村入户深入宣传，一对一发放侵权告知书，交涉现场照相、录像等多种方式尽好主体责任义务，优化外部环境，减少人为破环，避免发生复杂情况。

四、弃置井治安防控管理建议

（一）建章立制，强化管理

油气生产企业应进一步健全"一岗双责"内部治安保卫工作责任制，完善弃置井治安管理制度，从管理层干部到基层员工分级承包，加强对弃置井的治安防控及安全管理工作，建立起弃置井治安防范和安全管理长效机制，坚决杜绝弃置井治安防范及安全管理案事件的发生。

（二）加强协作、确保安全

废弃井、弃置井排查与管理需要地方各级各部门的密切配合，油气生产企业应主动加强与地方各级政府、公安机关的沟通协作，健全联动、联防、联治等日常工作机制，共同做好废弃井、弃置井的排查与管理工作，保障油田和油区群众生命财产安全。

（三）推进治理、消除隐患

油气生产企业要立足安全和发展的实际，继续完善长停井、废弃井建档工作，编制治理方案，严格落实废弃井治理计划，建立长停井封堵治理长效机制，开展长停井安全专项监察，加强应急演练，提高应急处置能力，加快封堵治理工作。

第三节　关停井管理

一、系统开发的目的及意义

在油气田开发过程中，随着油气井开发数量增加，开发时间延长，长期关停井的数量越来越多。川渝地区关停井井场通常无人值守，且井口周边人居环境较为复杂，该类井一旦发生隐患，而不能及时发现，随着时间推移，隐患加剧可能会对环境和经济造成不可估量的损失。因而有必要对辖区内关停井实施系统化管理，建立信息化、流程化的管理模式，形成一套长期关停井安全风险分析与防控措施研究流程，保障长期关停井安全稳定运行。

《关停井管理数据库系统》的建设立足于油气田公司下属各生产单位所管理的长期关停井的安全稳定运行的目标，以综合考虑长期关停井的井口装置情况、井筒情况、井场周边人居环境三方面因素，建立信息化、流程化的管理模式，形成一套长期关停井安全风险分析与防控措施研究流程。该系统建立的目标：一是建立油公司关停井数据库，实现关停井的数字化管理；二是在油公司关停井数据库的基础上，实现井基础资料的录入与查询功能；三是综合单井各类资料分析，技术人员可对关停井进行长期关停井安全风险分析与防控措施研究，并制订管理制度；四是实现关停井管理规范，实时动态跟踪关停井评价与管理，全面展示各生产单位关停井状态。

该系统包含长期关停井单井的基础数据、井身结构图、历次施工概况、周边的人居环境等，巡井人员可在系统上录入定期巡检的各长期关停井的现况，气矿管理部门可及时了解区域内所辖各关停井的情况，针对有安全隐患的长期关停井，可以在系统上提交处理措施申请。针对待进行整改的各隐患井，技术负责单位可通过系统获取详细的单井资料、隐患状况等关键数据，在系统上录入隐患整改的方案措施，并可对单井的隐患情况进行风险等级评估；油公司管理部门可在系统上对单井情况详细了解的同时，对隐患整改方案进行审批。

该系统的建立首先有助于提高长期关停井的管理效率，方便单井数据的实时更新，首先方便管理人员了解全局信息，从整体上对所辖区域的长期关停井进行统筹安排。同时方便技术人员及时掌握信息及快速查阅资料，为隐患整改的设计编写提供支持。在系统上进行整改方案在线编写、审批，能减少不必要的流程，提高效率。

二、《关停井管理数据库系统》软件简介

（一）软件系统的组织结构

该软件系统分为安全风险概况查询、单井信息录入、综合评价管理三个模块，如图6-5所示。其中安全风险概况查询模块则是对各矿区、作业区所辖长期关停井状况的总览，可直接获知长期关停井的整体情况，同时可根据多重搜索功能进行查询，针对隐患井可进行跟踪观察。单井基础信息模块录入单井的基础信息，包括：钻井基础数据、井身结构、完井管柱、井口装置、固井质量、流体情况、关井信息、人居环境、井筒异常情况、酸化作业、历年修井情况等。综合评价管理模块主要是对单井的安全风险、井筒完整性、人居环境风险进行一个综合的评估，并划分单井目前的风险等级，建立单井评价卡片。同时可以在系统上录入相应的隐患整改措施。

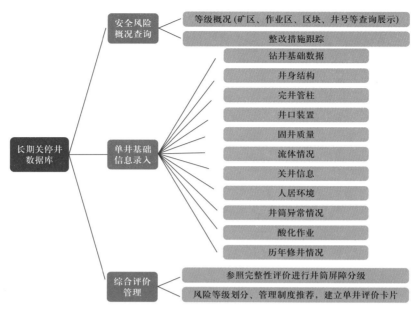

图 6-5 《关停井管理数据库系统》软件组织结构图

（二）软件系统功能简介

1. 综合查询功能

综合查询界面如图 6-6 所示，系统界面左侧为隶属单位的名称，点击相关单位可在右边的图标中查看各自辖区内录入信息的长期关停井的概况，对长期关停井的风险情况可一目了然。风险等级一共划分为高风险、中风险、低风险、无风险四个部分，如点击高风险井，则可进一步获知目前为高风险等级的长期关停井的井号列表，再单击井号可进入该井的界面，以便进一步查询、处理。通过点击系统菜单的安全风险概况 - 综合查询，可进入综合查询功能模块，选择井号、单位等条件，然后点击确定，则会以列表形式展示符合条件的井列表。针对录入数据和评价结果，以矿区、地质区块、关停原因、处置措施等搜索条件，进行信息查询穿透，并以表格或图形的形式在界面中展示，全面展示不同矿区、区块、井型、措施等条件下所涉及关停井的风险状态及分布情况。

使用人员可以既可以从整体上了解长期关停井的整体情况，又可以方便地查阅单井信息，同时数据库软件可在线进行编辑，及时更新单井情况，有利于使用人员更确切地掌握实际情况。

2. 单井资料集中管理

单井资料界面如图 6-7 所示，基本数据包括钻井基础数据、井身结构及管柱、固井质量、流体性质、井口装置、人居环境、前期井筒作业、井筒异常情况、关井信息等 9 个功能模块。数据信息可以直接录入或者导入，该系统针对数据进行模块化管理，通过在数据库录入基础资料，可实现数据库查询功能，方便查阅了解基本情况。

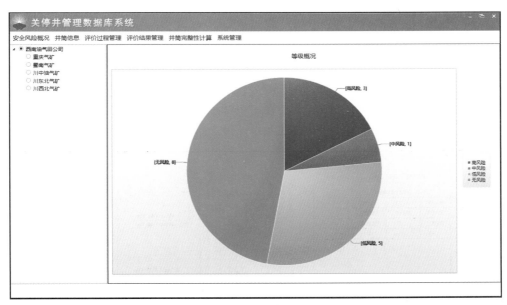

图 6-6 《关停井管理数据库系统》综合查询界面

图 6-7 《关停井管理数据库系统》单井资料界面

3.单井完整性评价及措施建议

单井完整性评价过程管理：屏障元件录入、屏障元件描述、风险评估及整改建议。

（1）屏障元件录入：通过井屏障录入，每个井屏障部件都在系统中显示，并以井屏障示意图的形势展现，分析单井的完整性情况。

（2）屏障元件描述：按照相关标准级规定对每个井屏障单元进行评价，描述其状态。

（3）风险评估及整改建议：在对每个井屏障可靠性的评估的基础上，对单井的井筒完整性风险等级进行了综合评价和划分，并可以根据实际情况录入整改建议、措施。

4. 关停井数据管理输出

单井评价结果输出模块（图6-8）包括：单井资料卡片、井口装置及井筒安全隐患评价、经常周边人居环境评价、单井完整性元件评价、隐患整改措施建议。

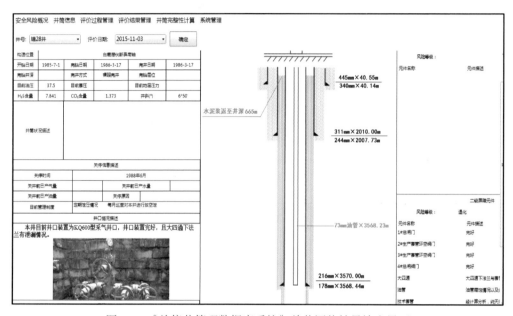

图6-8 《关停井管理数据库系统》单井评价结果输出界面

该软件系统提供评价规则维护，可实现系统评价规则的增加、删除、修改等功能，同时还设定了用户的角色权限，便于数据库管理，以及数据库备份等辅助功能。

参 考 文 献

［1］杨顺辉，何汉平，张智，等．多功能环空带压地面诊断方法及装置研究［J］．西南石油大学学报（自然科学版），2023，45（5）：1-9.

［2］薛鋆，丁英楠，李晨泓，等．带压作业井筒双向封堵技术研究［J］．海洋石油，2023，43（3）：79-83.

［3］李奥，王占洲．浅谈油气井永久性封堵的实用方法与现场应用［J］．石油工业技术监督，2023，39（9）：45-48.

［4］赵永刚．"三堵两注"新型带压封孔工艺现场试验［J］．山西焦煤科技，2023，47（9）：9-12，44.

［5］杨庆龙．井筒注浆堵水工艺研究与实践［J］．价值工程，2023，42（25）：72-74.

［6］高会国，丁远东．管柱法带压注浆封孔技术在告成煤矿瓦斯抽采钻孔中的应用［J］．煤炭科技，2023，44（4）：112-115.

［7］张跃铮．抽放钻孔漏气机理及"两堵一注"带压封孔技术［J］．山东煤炭科技，2023，41（7）：116-118，122.

［8］黄志安，吴波，王委，等．取换套管技术在YC1井的研究与应用［J］．复杂油气藏，2023，16（2）：230-233.

［9］刘泽军，李金超，杨东东，等．大港油田枣XXX井裸眼取换套施工［J］．化学工程与装备，2023（6）：159-161，95.

［10］隋晓凤．储气库井环空带压机制及水泥环密封完整性分析［D］．大庆：东北石油大学，2023.

［11］段瑜涛，曹力元，顾小华，等．井口冷冻暂堵技术在苏北油田的应用［J］．中外能源，2023，28（5）：61-65.

［12］张宏峰．无示踪裸眼取换套工艺研究及现场应用［J］．石油地质与工程，2023，37（2）：118-122.

［13］金勇，陈彬，张伟，等．漏失地层封堵层致密性与承压能力试验研究［J］．能源化工，2023，44（1）：44-47.

［14］杨辉，李忠良，赵丹，等．不丢手带压更换三高气井井口主控阀优化技术［J］．天然气工业，2022，42（11）：36.

［15］王璐，付国维，惠宝平，等．不丢手带压更换气井主控阀门技术改进与应用［J］．石油化工应用，2022，41（11）：70-72，76.

［16］贾生来，王琳，刘忠存．新疆某铀矿床含矿含水层采铀套管切割技术研究［J］．西部探矿工程，2022，34（10）：79-80，85.

［17］吴俊霞，伊伟锴，孙鹏，等．文23储气库封堵井完整性保障技术［J］．石油钻探技术，2022，50（5）：57-62.

［18］马勇，李国林，李文，等．深层套管切割方法优选及应用［J］．清洗世界，2022，38（7）：36-38.

［19］韩同方，冯一璟．套管切割工具割刀的结构优化及试验研究［J］．石油机械，2022，50（6）：44-49.

［20］李文，李国林，郑智文，等．多层套管切割工具研发及应用［J］．清洗世界，2022，38（4）：36-38.

［21］赵杰，谢娟，汪刚，等．含硫化氢储气库注采井环空带压分析与对策［J］．世界石油工业，2022，29（2）：46-53.

［22］陈金莉，向俊科，王德坤．永久式封隔器磨铣刀具结构优化及现场试验［J］．钻采工艺，2021，44（6）：

102−105.

［23］胡旭光，刘贵义，李庚，等. 70 MPa 带压钻孔装置的研制［J］. 天然气技术与经济，2021，15（5）：39−44.

［24］陈飞，徐路，刘汗卿，等. 中秋 102 井 139.7 mm 小井眼封隔器处理实践与认识［J］. 石油工业技术监督，2021，37（10）：54−58.

［25］孔得臣. 大宇弃置井 ϕ244.5 mm 套管切割打捞作业实践与认识［J］. 海洋石油，2021，41（3）：72−75.

［26］李国林，黄开展，刘薇，等. 多层套管切割技术及套管偏心影响分析［J］. 化工管理，2021（24）：47−48.

［27］白晓飞，魏军会，钟建芳，等. 超深井 MFT 封隔器首次打捞工艺［J］. 西部探矿工程，2021，33（8）：33−36.

［28］葛晓波，刘斌，雷有承. 长庆气田边远低产低效井隐患治理的对策研究［J］. 中国石油和化工标准与质量，2021，41（10）：44−45.

［29］苗娟，黄兵，谢力，等. 高钢级套管段铣工具优化及性能评价［J］. 特种油气藏，2021，28（2）：163−170.

［30］陈林. 分瓣式管道冷切割设备在 13Cr 套管切割中的应用［J］. 石油和化工设备，2021，24（4）：44−46.

［31］赵敏. 老井井口泄漏带压堵漏技术探讨［J］. 机械管理开发，2021，36（3）：271−272.

［32］张帅，杨宏业，肖文凤，等. 海上油田永久封隔器套铣打捞应用探讨［J］. 石化技术，2021，28（2）：177−178.

［33］马群，高文祥，郑如森，等. 克深气田"三超"气井安全隐患治理对策与实践［J］. 天然气与石油，2021，39（1）：128−133.

［34］熊浪豪. 承压堵漏施工中井筒内堵漏浆量的计算［J］. 中国石油和化工标准与质量，2021，41（3）：111−113.

［35］杨云朋，樊建春，刘书杰，等. 海上气井井下油套管泄漏检测与堵漏技术及其工程实践［J］. 中国海上油气，2021，33（1）：145−150.

［36］李跃谦，左凯，包陈义，等. 永久式封隔器快速回收技术研究及在渤海油田大斜度井侧钻施工中的应用［J］. 石化技术，2020，27（12）：62−63.

［37］范博闻. 油井取换套防钙侵修井液体系［J］. 化学工程与装备，2020（6）：65−66，64.

［38］刘贵义. "带压钻孔 + 冷冻暂堵"技术在阳 47 井的应用［J］. 石油技师，2020（1）：23−25.

［39］王海涛，申玉壮，陈明，等. SAGD 注汽井口装置冷冻带压更换工艺研究［J］. 新疆石油天然气，2020，16（1）：92−95，100，6.

［40］胡旭光，刘贵义，胡光辉. "带压钻孔 + 冷冻暂堵"组合工艺治理井口隐患［J］. 天然气技术与经济，2020，14（1）：53−56，63.

［41］陈奇. 一种成本较低的取换套修井技术［J］. 化学工程与装备，2020（2）：156−157.

［42］冯哲，刘兆年. 高强度永久式封隔器的套铣打捞实践及效果［J］. 重庆科技学院学报（自然科学版），2020，22（1）：40−42.

［43］弓剑竹. 气井带压换阀门技术分析［J］. 化学工程与装备，2019（11）：120−121.

［44］胡旭光，罗林，杨宁. "带压钻孔 + 冷冻暂堵"综合技术在复杂隐患井口治理中的应用实践［C］. 第 31 届全国天然气学术年会（2019）论文集（05 钻完井工程），2019：5.

［45］孙彤，崔腾宇，李杰，等．取换套防钙侵修井液体系研究［J］.现代化工，2019，39（8）：213-215.

［46］朱洪华，高义方，冯硕．注水井油套环空带压原因分析及治理探索［J］.中国石油和化工标准与质量，2019，39（11）：127-130，132.

［47］严鸿伟．深水气井环空带压分析及防治措施研究［D］.成都：西南石油大学，2020.

［48］蔡萌，张倩，李朦，等．永久式封隔器卡瓦断裂模拟分析［J］.长江大学学报（自然科学版），2019，16（4）：49-53，6.

［49］沈元波，和鹏飞，徐彤，等．锦州某油田生产井套管环空带压处理技术［J］.石油工业技术监督，2019，35（4）：14-17.

［50］张康卫，向招祥，袁龙，等．浅层裸眼取换套技术难点及对策［J］.化学工程与装备，2019（4）：77-79.

［51］祝真真．油水井小修作业取换套管技术研究与应用［J］.化工设计通讯，2019，45（3）：52，63.

［52］宋建建，陈小龙，许明标，等．页岩气井环空带压防治难点分析及对策［J］.钻采工艺，2019，42（2）：32-35，2.

［53］吴福源，苟忠义，赵爱权．一种低成本取换套修井技术［J］.内蒙古石油化工，2019，45（2）：91-92.

［54］吴简，田军，徐迎新．带压治理井口隐患技术在长庆气田的应用探究［C］.2018年全国天然气学术年会论文集（04工程技术），2018：9.

［55］赵海雷．套铣和打捞封隔器技术在伊拉克米桑油田的应用［J］.中国石油和化工标准与质量，2018，38（19）：154-155.

［56］王维，张昱煜，刘立军，等．气井主控阀门隐患治理技术研究［C］.第十四届宁夏青年科学家论坛石化专题论坛论文集，2018：6.

［57］张延冰．油水井小修作业取换套管技术研究与应用［J］.中小企业管理与科技（上旬刊），2018（7）：139-140.

［58］张辉，王瑞祥，毕闯，等．渤南区域注水井环空带压原因浅析及应对措施［J］.石化技术，2018，25（6）：160-161.

［59］周瑞立．水平井大斜度段钻磨永久悬挂封隔器除理关键技术研究与应用［J］.承德石油高等专科学校学报，2018，20（3）：17-20，24.

［60］向俊科．普光气田永久式封隔器磨铣打捞技术研究［J］.钻采工艺，2018，41（3）：104-106.

［61］刘严．井口套间环空带压的环空非全封井的治理技术［D］.成都：西南石油大学，2021.

［62］客拥军，李素芹，王宏华，等．浅层套漏井挤堵工艺研究应用［J］.内蒙古石油化工，2018，44（4）：93-94.

［63］尚志峰，何成德，吴占关，等．裸眼段取换套技术实践与认识［J］.化工设计通讯，2018，44（2）：67.

［64］黎凌，王新建，龙爱国．金华1井小尺寸高强度套管段铣技术实践［J］.钻采工艺，2018，41（1）：28-30，3.

［65］代新勇．长停井隐患治理方法分析［J］.中国石油和化工标准与质量，2017，37（21）：150-151.

［66］孙娜，张勇刚，赵学武．长岭气田二氧化碳防腐监测技术应用与评价［C］.2017年全国天然气学术年会论文集，2017：6.

［67］郝振兴．高危井取换套工艺技术分析［J］.化学工程与装备，2017（10）：133-134，144.

［68］于惠明.定点取换套技术探究［J］.化工管理，2017（28）：75.

［69］李福明，孙文化，叶周明，等.双层套管锻铣技术在环空带压弃井中的应用［J］.石油钻采工艺，2017，39（4）：460-463.

［70］张亚明，高振涛，李军，等.苏桥储气库 SU7 井深井小井眼套管段铣技术［J］.石油钻探技术，2017，45（3）：38-41.

［71］张小平.不丢手带压换阀技术在建南气田的应用［J］.江汉石油职工大学学报，2016，29（5）：39-40，48.

［72］杨青松，张耀刚，吕江，等.阀门后盖带压钻孔更换主控阀门技术及其现场试验［J］.天然气工业，2015，35（12）：71-76.

［73］张高峰，张康卫，罗永庆，等.大港油田裸眼井取换套技术现状及对策［J］.石油地质与工程，2015，29（6）：114-116.

［74］栾波.套管切割回收组合工具关键技术研究［D］.青岛：中国石油大学（华东），2018.

［75］高峰.深井超深井套管段铣开窗窗口形成技术研究［D］.成都：西南石油大学，2015.

［76］贲金福.填砂挤堵一体化工艺的研究和应用［J］.化学工程与装备，2014（10）：113-115.

［77］颜生鹏.青海油田套管切割工艺改进与应用［J］.石油钻采工艺，2014，36（5）：134-137.

［78］刘帮华，田喜军，刘鹏，等.气井井口隐患治理技术探讨［C］.创新·质量·低碳·可持续发展——第十届宁夏青年科学家论坛石化专题论坛论文集，2014：3.

［79］刘忠飞，何世明，黄桢，等.四川地区气井井口隐患治理技术与应用［J］.钻采工艺，2014，37（3）：1-4，6.

［80］张鹏.永89-斜2-侧平1井套管段铣的优化施工［J］.无线互联科技，2013（11）：78.

［81］.青海油田天然气开发公司完成2013年涩北气田采气树隐患治理工作［J］.天然气技术与经济，2013，7（5）：67.

［82］陈栋斯，拉英·库尔班，冯昆明，等.旗99-99井套管错断井隐患治理［J］.中国石油和化工标准与质量，2013，33（15）：193-194.

［83］张振顺，李秀竹.填砂挤堵一体化装置的研制与应用［J］.石油机械，2013，41（7）：107-109.

［84］朱仁发.天然气井环空带压原因及防治措施初步研究［D］.成都：西南石油大学，2015.

［85］李长忠，李川东，雷英全.高含硫气井安全隐患治理技术思路与实践［J］.天然气工业，2010，30（12）：48-52，125-126.

［86］徐勇，田喜军，陈玉.套损气井治理及排液工艺技术探讨［J］.石油化工应用，2010，29（7）：91-96.

［87］陈建强，管海滨，段文庆，等.封堵配套工艺技术的研究与应用［J］.中国石油和化工，2009（10）：67-69.

［88］马发明，带压更换井口控制闸阀技术研究及应用.四川省，中国石油西南油气田分公司采气工程研究院，2008-05-10.

［89］黄桢.川东地区"三高"气井井口隐患治理技术［J］.天然气工业，2008（4）：59-60，141.

［90］刘宪广，刘红艳，张歆僮.克拉玛依钻井欠平衡井控公司带压更换采油（气）井口装置问世［N］.中国石油报，2008-03-07（003）.

［91］李莲明，谭中国，龙运辉，等.带压更换天然气井口采气树主控阀新技术［J］.钻采工艺，2007（3）：93-95，153.

［92］李晓云，龙运辉，刘帮华.榆林气田气井井口隐患治理技术［J］.石油化工应用，2006（1）：

24-27.

［93］陈平，梅宗斌.带压换阀整改采油气井口［J］.中国石油石化，2005（10）：61.

［94］马骏，林盛旺.采气井口装置安全隐患的整改技术［J］.钻采工艺，2003（S1）：106-109，16.

［95］文成槐，尹强，文蜀江.带压安全更换井口闸阀技术的研究与应用［J］.钻采工艺，2002（2）：57-60，5-6.

［96］佚名.清除海底废油井的多层套管切割弹研制试验成功［J］.火炸药学报，1994（1）：50.

［97］Milanovic D，Smith L. A Case History of Sustainable Annulus Pressure in Sour Wells-Prevention，Evaluation and Remediation［C］//SPE High Pressure/High Temperature Sour Well Design Applied Technology Workshop. Society of Petroleum Engineers，2005.

［98］刘宪广，刘红艳，张歆憧.克拉玛依钻井欠平衡井控公司带压更换采油（气）井口装置问世［N］.中国石油报，2008-03-07（003）.

［99］赵长海，董伟，周宏敏，等.无荧光封堵材料 WF-1 的研究和应用［J］.钻采工艺，2000（6）：71-72.